어휘로 기초 잡는

초등수학 문해력 비법 2학년

김미환 · 김수미 · 송정화 · 임영빈 · 강미선 지음

하우매쓰

어휘로 기초 잡는
초등수학 문해력 비법 2학년

1판 1쇄 인쇄 2023년 7월 20일
1판 1쇄 발행 2023년 7월 31일

지은이 김미환, 김수미, 송정화, 임영빈, 강미선
발행인 강미선
발행처 하우매쓰 앤 컴퍼니
편집 이상희 ｜ **디자인** 남상원 ｜ **일러스트** 조아영
등록 2017년 3월 16일(제2017-000034호)
주소 서울시 영등포구 문래북로 116 트리플렉스 B211호
대표전화 (02)2677-0712 ｜ **팩스** 050-4133-7255
전자우편 upmmt@naver.com

ISBN 979-11-983405-0-4(63410)

왜《어휘로 기초 잡는 초등수학 문해력 비법》인가? 4

《어휘로 기초 잡는 초등수학 문해력 비법》시리즈의 특징 6

《어휘로 기초 잡는 초등수학 문해력 비법(2학년)》의 특징 8

학부모님과 선생님께 10

2학년이 꼭 알아야 할 수학 어휘 12

1단계 수학 어휘와 친해지자 14

2단계 수학 어휘를 만들어 보자 36

❶ 뒤죽박죽 글자로 수학 어휘 만들기 38

❷ 초성 보고 수학 어휘 만들기 48

3단계 수학 어휘에 익숙해지자 58

❶ 수학 어휘 고르기 60

❷ 관계있는 것끼리 짝 짓기 70

❸ 빈칸에 따라 쓰기 82

❹ 빈칸에 수학 어휘 쓰기 92

4단계 가로세로 퍼즐로 수학 어휘를 꽉 잡자 104

종합문제 118

| 정답 | 120

| 부록 | 2학년 수학 어휘 해설 139

왜 《어휘로 기초 잡는 초등수학 문해력 비법》인가?

수학 문해력 첫걸음은 **어휘** 파악이다

수학에서 가장 중요한 학습은 개념 학습입니다. 수학 개념은 어휘로 서술되어 있으므로 '수학 어휘=수학 개념'이라고 볼 수 있습니다. 기초가 중요한 수학 과목에서 어휘는 수학 개념의 기초를 쌓는 시작점입니다. 수학 어휘를 잘 알면 개념이 잡힙니다. 이를 바탕으로 다양한 수학 문제를 해결하는 능력이 바로 수학 문해력입니다. 한마디로 어휘로 기초를 꽉 잡으면 수학 문해력이 잡힌다는 뜻입니다.

수학 어휘력이 단단하면 **문장제**를 잘 읽는다

문장으로 된 문제는 연산 문제와 달리 한글로 서술되어 있습니다. 풀이 과정도 긴 편입니다. 수학 어휘를 모르면 중간에 멈추거나, 문제를 읽는 데 시간이 아주 오래 걸리기도 하고, 수학 문제 읽는 것 자체를 꺼리는 마음이 생기기도 합니다.

초등학생을 대상으로 한 연구에 따르면, 분수와 관련된 '기준량'과 '전체량'의 뜻을 몰라서 문제에 손을 못 대는 초등학생들이 많았다고 합니다. 설탕물 문제를 풀 때는 식을 쓰면서 설탕의 '양'이 들어가야 할 자리에 설탕의 '농도'를 넣는 바람에 틀리는 학생들이 있다고 합니다. 수학 어휘를 정확히 몰라서 벌어지는 일들입니다.

수학 어휘력이 탄탄하면 문장으로 제시된 문제를 바르게 이해할 수 있고, 서술형 답안을 작성할 때에는 정확하고 익숙하게 답안을 쓸 수 있습니다.

수학 어휘력이 단단하면 **자신감**이 생긴다

학년이 올라갈 때마다 새로운 어휘가 등장합니다.

새롭게 만나게 되는 수학 어휘들을 보며 설렘을 느끼는 학생도 있겠지만, 막막하고 두려운 기분을 느끼는 학생이 더 많습니다. 낯선 세계에 들어갈 때 걸려 넘어지게 하는 문턱처럼 보이거나 높은 장벽으로 보이기 때문입니다.

　　수학 어휘를 잘 알고 있다는 확신이 없으면, 질문에 우물우물 대답하거나 답안을
서술할 때 썼다 지웠다를 반복하게 됩니다. 수학 문제를 푸는 과정에서 학생들이
자주 범하는 오류 중에 언어 사용이 미숙해서 저지르는 오류, 수학 어휘를 정확히
모르고 사용해서 범하는 오류, 한자어로 된 어휘의 뜻을 몰라서 범하는 오류들은 수학
어휘력과 관련이 있습니다. 새로운 수학 어휘들과 친해지고 익숙하게 잘 사용하는
것이야말로 수학에 자신감을 갖고 오류를 줄이는 첫걸음입니다.

수학 어휘력이 단단하면 **논리적 사고**를 할 수 있다

　　어휘는 개념이고, 개념을 잘 알아야 논리적 사고를 할 수 있습니다. 도형 그림을
보면 평행사변형과 사다리꼴을 척척 골라내지만, 그 뜻을 써 보라고 하면 "그냥 그렇게
생겨서."라거나, '삼각형과 사각형이 왜 다른가'라는 서술형 문제에 "그냥 딱 봤을 때
다르니까."라는 식으로 쓴다면 논리적 사고를 하고 있다고 보기 어렵습니다.

　　수학 어휘를 잘 알고 있고, 스스로 그렇다고 생각하는 학생은 삼각형과 사각형의
정의에 따라 또박또박 대답할 수 있습니다. 자기 확신이 없으면 글씨에도 자신감이
없습니다. 글씨에 힘이 없고, 잘 알아보지 못하게 작고 희미하게 꼬불꼬불 쓰는 습관이
생길 수도 있습니다.

　　《어휘로 기초 잡는 초등수학 문해력 비법》 시리즈의 목적은 각 학년에서 배우는 수학
어휘들을 확실하고 정확하게 익히는 것입니다. 이 시리즈에서 제시한 4단계를 따라가다
보면 수학 어휘를 꽉 잡을 수 있고 문해력의 기초를 잘 다질 수 있습니다.

《어휘로 기초 잡는 초등수학 문해력 비법》 시리즈의 특징

1. 국어 공부하듯 수학 공부하기

수학은 언어입니다. 따라서 수학 어휘도 국어 공부하듯이 공부하면 됩니다.

이 시리즈에서는 특히 초등학생들이 재밌어하는 방식을 수학 어휘 학습에 새롭게 적용했습니다. 마치 한글 공부하듯 쓰기가 제시되어 있어서 수학에 두려움이 막 싹트려는 학생이라도 '앗, 수학도 국어랑 똑같네.' 하고 수학에 대해 친근한 마음이 생길 것입니다.

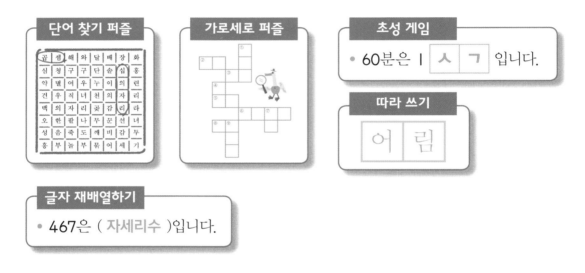

2. 필수 어휘 정복하기

이 시리즈에 들어 있는 어휘들은 수학 학습을 잘하기 위해 꼭 알아야 하고 익숙하게 술술 사용할 줄 알아야 할 '필수' 어휘들입니다. 교과서에 제시된 수학 어휘뿐만 아니라 수학 시간에 자주 사용하는 어휘들도 있습니다. 이 시리즈에 제시된 모든 수학 어휘들을 착실하게 익힌다면, 수학 문해력이 쑥쑥 성장할 것입니다.

3. **틀리기 쉬운 어휘** 선별해서 집중적으로 반복하기

쉬운 어휘는 한두 번만 읽고 써 보면 되지만, 입에 잘 붙지 않는 어려운 어휘는 여러 번 반복해서 학습해야 합니다. 이 시리즈의 공저자들은 수학교육학 전문가의 안목으로 본문에 자주 등장해야 할 어휘와 그렇지 않아도 될 어휘들을 신중하게 선별했습니다. 그리고 그런 어휘들을 자연스럽게 반복학습하도록 곳곳에 여러 번 등장시켰습니다. 이렇듯 전문가의 섬세한 교수학적 안목이 들어 있습니다.

4. **재미있게** 익혀서 자신감 키우기

이 시리즈는 게임과 퍼즐이라는 방식으로 수학 어휘를 익히도록 안내합니다. 같은 문제라도 내가 얼마나 알고 있는지를 평가받는 마음으로 그 문제를 풀 때와 '더 알고 싶다'는 마음으로 문제를 풀 때 학습자가 느끼는 기분은 전혀 다릅니다. 호기심을 가지고 즐거운 마음으로 풀 때 교육적 효과가 훨씬 큽니다. 수학에 대한 자신감과 가장 관련이 있는 것이 바로 수학에 대한 흥미입니다. 재미있게 공부하면 자신감이 높아집니다.

5. **정확하게** 익혀서 문해력 키우기

이 시리즈의 목적은 수학 어휘를 바르고 정확히 사용하는 것입니다. 예를 들어 '직사각형'이라는 어휘를 "사각형직"이라거나 "사직각형"이라는 학생들도 있습니다. 그렇다면 애초부터 반듯한 어휘를 제시하지 말고, 한번 생각해 보게 하는 것은 어떨까요? 처음부터 올바른 어휘를 제시해서 곧바로 익히게 하는 것보다는 뒤죽박죽된 글자들을 다시 배열하면서 그 어휘에 대해 생각해 보게 하는 것이 교육적으로 더 효과적입니다. 이 책에는 이러한 비법들이 곳곳에 들어 있습니다.

《어휘로 기초 잡는 초등수학 문해력 비법(2학년)》의 특징

1. **체계적이고 자연스럽게** 수학 어휘 익히기

    어린이들이 2학년에 올라와 처음 배우는 수학 어휘들은 매우 낯섭니다. 낯선 어휘에 대해 처음부터 그 뜻을 정확히 익히게 하려고 하면 2학년 어린이들이 지레 겁을 먹을 수 있습니다. 이 책은 2학년 어린이들이 수학 어휘를 자연스럽게 받아들이고 체계적으로 익힐 수 있도록 다음과 같은 4단계로 구성했습니다.

    1단계에서는 다른 과목에서 배우는 단어들과 일상에서 사용하는 어휘들 사이에서 수학 어휘를 골라내는 활동을 합니다. 아직 뜻은 몰라도 됩니다. 처음 만날 때는 '이게 수학 어휘구나.' '이렇게 생겼구나.' 하는 것만으로도 충분합니다.

    2단계에서는 뒤죽박죽된 글자를 바르게 배열하면서 좀 더 수학 어휘에 다가갑니다.

    3단계는 수학 어휘의 정확한 뜻을 익히는 과정이고,

    4단계는 앞에서 익힌 어휘들을 확인하는 과정입니다.

2. **또박또박** 쓰게 하기

    2학년 어린이들은 앞으로 서술형 문제를 많이 풀게 될 것입니다. 따라서 지금 이 시기에는 '어휘 쓰기'를 많이 하는 것이 좋습니다. 이 책이 수학책이지만 쓰기를 연습할 수 있는 빈칸 문제가 많은 것은 이러한 이유 때문입니다. 국어 시간에 한 자 한 자 또박또박 쓰는 것을 배우듯, 수학 어휘도 한 자 한 자 또박또박 쓰게 합니다.

    그렇게 하다 보면 그 어휘를 자신의 것으로 만들 수 있습니다.

3. 어려운 용어는 여러 번 **반복하기**

2학년 수학 시간에 배우는 어휘들은 2학년 국어 시간에 배우는 어휘들보다 대체로 어렵습니다. 그렇다 보니 한두 번 쓱 읽고 지나가서는 수학 어휘를 제대로 익히기가 어렵습니다. 또한 어휘가 어려울수록 더욱 비중있게 다루어야 합니다. 그래서 이 책에서는 대부분의 2학년 학생들이 어려워하는 '분류', '기준', '어림'과 같은 어휘들을 여러 번 등장시켰습니다. 예를 들어 '분류'의 경우는 다음과 같이 여러 번 등장합니다.

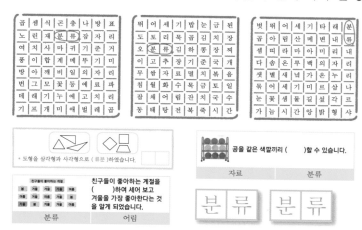

이렇게 자주 만나다 보면 처음엔 낯설었던 어휘에 점차 익숙해지고 자연스럽게 사용하게 됩니다.

4. 수학 어휘를 **다양하게** 익히는 3단계 과정

2학년 편에서는 수학 어휘를 익히는 3단계를 4가지 꼭지로 구성했습니다. 처음부터 쓰기를 하게 하는 것이 아니라 고르고 짝 짓는 것처럼 쉬운 활동으로 시작을 한 다음, '따라 쓰기'와 '빈칸에 쓰기' 등 '쓰기' 과정으로 이어지게 하기 위해서입니다. 이런 과정을 통해 수학 어휘의 뜻을 충분히 익힐 수 있습니다.

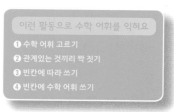

이런 활동으로 수학 어휘를 익혀요

❶ 수학 어휘 고르기
❷ 관계있는 것끼리 짝 짓기
❸ 빈칸에 따라 쓰기
❹ 빈칸에 수학 어휘 쓰기

학부모님과 선생님께

이 책은 어떤 학생이 수학 어휘를 얼마나 알고 있나를 평가하는 책이 아닙니다. 수학 어휘와 기호의 뜻을 정확히 익히도록 이끌어 가는 책입니다. 이 책으로 학생이나 자녀를 지도하는 분께서는 다음 안내를 참고해서 사용해 주시기 바랍니다.

1. 새 학년 대비 예습을 할 때 첫 책으로 사용해 주세요

수학 어휘를 익히는 것은 개념 학습의 시작입니다.

이 책은 개념 학습을 잘 시작하도록 안내하고 있고, 1년 과정이 한 권 안에 다 들어 있습니다. 따라서 새 학년 예습을 할 때 가장 먼저 이 교재를 사용해 보세요.

그러면 준비가 잘 된 상태에서 각 단원 학습에 들어갈 수 있을 것입니다.

2. 어휘가 중요하다고 너무 강조하지는 말아 주세요

수학 어휘가 중요하다는 것을 어른은 경험을 통해 잘 알고 있습니다. 하지만 어린 학생은 그 중요성을 아직 모릅니다. "어휘가 얼마나 중요한지 아니?"라는 말은 와닿지 않을 뿐만 아니라, 오히려 겁을 먹게 할 수 있습니다. 2학년 학생에게 너무 직접적으로 강조하지는 마시고, 곁에서 지켜봐 주세요.

3. 어휘를 빨리 외우게 하려고 하지 마세요

"어떻게 하면 우리 아이가 수학 어휘를 잘 외울 수 있을까요?" 하는 분들이 있습니다. 어휘는 억지로 외우려고 해도 외워지지 않지만 재미있게 공부하면 저절로 외워집니다. 초등학생들에게 《어휘로 기초 잡는 초등수학 문해력 비법》을 권하는 이유가 바로 이것입니다.

4. 아이의 속도대로 풀게 해 주세요

"하루에 얼마나 풀면 될까요?" 하고 질문하는 분들이 있습니다. 어떤 학생은 이 책을 하루에 다 풀 수 있고, 어떤 학생은 조금씩 1년 내내 풀 수도 있습니다. 하루에 2~3장씩 시간 날 때마다 풀어도 좋습니다. 천천히 배우는 학생들은 어휘를 익히는 데 시간이 걸릴 수 있으니 너무 초조해하지 마시기 바랍니다. 아이가 자신의 속도대로 풀 수 있도록 여유를 주세요.

5. 수학 어휘 사전을 꼼꼼히 읽어 보세요

이 책에는 〈부록〉으로 학부모와 교사를 위한 수학 어휘 해설이 들어 있습니다. 책 속에서 다룬 수학 어휘 전체의 교과서 정의가 설명되어 있고, 특히 학교와 가정에서 이 책으로 학생들을 지도할 때 알고 있어야 할 교수학 지식들이 정보란에 들어 있습니다.

이 책을 통해 초등학생들이 수학 공부의 즐거움을 느끼고 수학에 대한 자신감을 키울 수 있기를 희망합니다.

2023. 7. 저자 일동

2학년이 꼭 알아야 할
수학 어휘

수와 연산

| 일의 자리 | 십의 자리 | 백의 자리 |

| 천의 자리 | 구구단 | 곱하기 |

| 뛰어 세기 | 묶어 세기 | 배 |

| 받아올림 | 받아내림 |

| 곱셈 | 곱셈식 | 곱 | 곱셈구구 |

도형

| 삼각형 | 사각형 | 오각형 |

| 육각형 | 원 | 도형 | 칠교판 |

| 꼭짓점 | 변 | 곧은 선 | 쌓기나무 |

측정

하루 오전 오후

시간 시각 시 분

요일 일주일 개월

월, 화, 수, 목, 금, 토, 일

달 달력 월 날짜

년 눈금 긴바늘 센티미터(cm)

미터(m) 단위 약 어림

자료와 가능성

자료 기준 분류

표 합계 그래프

1

수학 어휘와 친해지자

오리가 말하는 수학 어휘를 읽어 보세요.

무슨 뜻인지 잘 모르겠다고요? 그래도 괜찮아요.

글자판에서 수학 어휘를 찾다 보면 어느새 수학 어휘와

친구가 되어 있을 거예요.

수학 어휘와 친해지자

🔍 보기 에 있는 수학 어휘를 글자판에서 찾아 보세요.

> **보기**
>
> 곱셈, 구구단, 묶어 세기,
> 배, 십의 자리, 백의 자리,
> 천의 자리

곱	셈	해	와	달	배	장	화
심	청	구	구	단	솥	십	홍
약	별	여	우	누	이	의	련
견	우	직	녀	천	의	자	리
백	의	자	리	곳	감	리	라
오	한	팥	나	무	꾼	선	녀
성	음	죽	도	깨	비	감	투
흥	부	놀	부	묶	어	세	기

 더 재미있게 찾아요!

수학 어휘를 모두 찾았나요?

그러면 글자판에서 여러분이 아는 다른 낱말을 더 찾아 보세요!

누가 더 많이 찾나 함께 게임을 해도 좋아요.

17

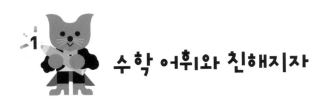

도전문제(2)

🔍 보기 에 있는 수학 어휘를 글자판에서 찾아 보세요.

보기

삼각형, 사각형, 오각형,
육각형, 원, 도형, 꼭짓점,
변, 곧은 선

냉	육	각	형	들	꽃	꼭	코
이	쑥	부	쟁	이	마	짓	스
고	들	빼	기	오	리	점	모
괭	이	밥	삼	각	형	산	스
꿀	풀	도	머	형	소	국	변
사	각	형	루	금	씀	바	귀
민	들	레	원	계	구	절	초
벌	개	미	취	곧	은	선	밤

 더 재미있게 찾아요!

수학 어휘를 모두 찾았나요?
그러면 글자판에서 여러분이 아는 다른 낱말을 더 찾아 보세요!
누가 더 많이 찾나 함께 게임을 해도 좋아요.

1 수학 어휘와 친해지자

도전문제(3)

🔍 [보기] 에 있는 수학 어휘를 글자판에서 찾아 보세요.

[보기]

하루, 오전, 오후,
시, 분, 요일,
일주일, 개월

대	한	민	국	호	랑	나	비
무	하	루	서	민	시	수	도
궁	독	도	오	전	태	극	기
화	지	소	후	백	제	주	도
개	리	분	꽃	두	루	국	새
월	산	한	라	산	지	요	일
애	국	가	일	주	일	까	치
태	권	도	장	수	하	늘	소

더 재미있게 찾아요!

수학 어휘를 모두 찾았나요?
그러면 글자판에서 여러분이 아는 다른 낱말을 더 찾아 보세요!
누가 더 많이 찾나 함께 게임을 해도 좋아요.

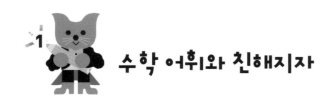

수학 어휘와 친해지자

도전문제(4)

🔍 보기 에 있는 수학 어휘를 글자판에서 찾아 보세요.

보기

달, 월, 날짜, 년,
눈금, 요일,
미터, 약, 어림

봄	소	나	기	미	과	날	우
볕	꽃	여	름	터	일	산	짜
나	비	벌	월	우	수	영	장
년	종	달	새	비	약	사	과
밤	눈	금	팥	빙	수	박	자
가	을	단	요	일	호	떡	두
호	두	풍	청	포	도	겨	울
잣	어	림	우	비	함	박	눈

 더 재미있게 찾아요!

수학 어휘를 모두 찾았나요?
그러면 글자판에서 여러분이 아는 다른 낱말을 더 찾아 보세요!
누가 더 많이 찾나 함께 게임을 해도 좋아요.

1 수학 어휘와 친해지자

도전문제(5)

🔍 보기 에 있는 수학 어휘를 글자판에서 찾아 보세요.

🔖 보기

분류, 기준, 표, 그래프,
자료, 합계, 일의 자리,
곱셈식

곱	셈	식	곤	충	나	방	표
노	린	재	분	류	잠	자	리
여	치	사	마	귀	기	준	거
풍	이	합	계	초	파	리	미
방	아	깨	비	일	의	자	리
번	그	모	꽃	등	에	료	파
데	래	기	누	에	고	치	리
기	프	개	미	애	벌	레	똥

더 재미있게 찾아요!

수학 어휘를 모두 찾았나요?
그러면 글자판에서 여러분이 아는 다른 낱말을 더 찾아 보세요!
누가 더 많이 찾나 함께 게임을 해도 좋아요.

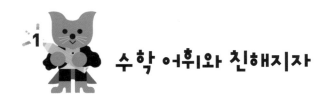

도전문제(6)

🔍 보기 에 있는 수학 어휘를 글자판에서 찾아 보세요.

보기

뛰어 세기, 곱하기, 시간,
분류, 기준, 자료, 눈금,
월화수목금토일, 어림

뛰	어	세	기	밥	눈	금	된
도	토	리	묵	곱	김	치	장
오	분	류	김	하	콩	장	찌
이	고	추	장	기	준	국	개
무	쌈	자	료	멸	치	볶	음
침	월	화	수	목	금	토	일
잡	채	어	림	잔	치	국	수
동	태	탕	전	복	죽	시	간

 더 재미있게 찾아요!

수학 어휘를 모두 찾았나요?
그러면 글자판에서 여러분이 아는 다른 낱말을 더 찾아 보세요!
누가 더 많이 찾나 함께 게임을 해도 좋아요.

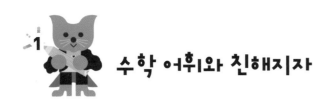

도전문제(7)

🔍 보기 에 있는 수학 어휘를 글자판에서 찾아 보세요.

보기

곱셈구구, 배, 일의 자리,
육각형, 원, 단위, 분,
센티미터, 그래프

배	캐	나	다	인	도	미	일
이	란	육	각	형	영	국	의
라	네	잉	글	랜	드	페	자
크	팔	곱	셈	구	구	루	리
그	통	싱	가	포	르	분	스
래	가	단	위	케	냐	우	페
프	랑	스	웨	덴	마	크	인
방	센	티	미	터	칠	레	원

더 재미있게 찾아요!

수학 어휘를 모두 찾았나요?
그러면 글자판에서 여러분이 아는 다른 낱말을 더 찾아 보세요!
누가 더 많이 찾나 함께 게임을 해도 좋아요.

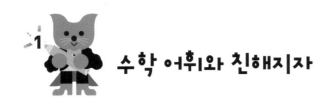

수학 어휘와 친해지자

도전문제(8)

🔍 보기 에 있는 수학 어휘를 글자판에서 찾아 보세요.

보기

합계, 십의 자리, 곱셈식,
오각형, 도형, 요일,
미터, 표, 자료

십	서	울	부	산	미	터	구
의	제	진	합	계	대	전	도
자	주	경	주	나	오	각	형
리	여	수	광	주	하	동	춘
수	곱	셈	식	창	원	울	천
원	안	양	김	해	요	산	청
인	천	포	항	양	일	평	택
강	릉	표	경	산	천	자	료

더 재미있게 찾아요!

수학 어휘를 모두 찾았나요?
그러면 글자판에서 여러분이 아는 다른 낱말을 더 찾아 보세요!
누가 더 많이 찾나 함께 게임을 해도 좋아요.

31

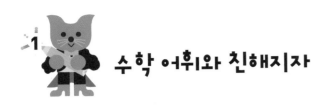

수학 어휘와 친해지자

도전문제(9)

🔍 보기 에 있는 수학 어휘를 글자판에서 찾아 보세요.

보기

천의 자리, 구구단, 곱하기,
사각형, 꼭짓점, 곧은 선,
초, 약, 기준

런	구	워	사	빈	꼭	짓	점
던	구	싱	방	각	황	하	파
호	단	턴	콕	민	형	노	리
자	카	르	타	약	베	이	징
천	의	자	리	모	를	곱	나
예	루	살	렘	나	린	하	소
곧	은	선	가	코	크	기	준
프	라	하	초	자	그	레	브

더 재미있게 찾아요!

수학 어휘를 모두 찾았나요?
그러면 글자판에서 여러분이 아는 다른 낱말을 더 찾아 보세요!
누가 더 많이 찾나 함께 게임을 해도 좋아요.

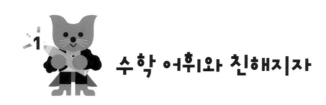

수학 어휘와 친해지자

🔍 보기 에 있는 수학 어휘를 글자판에서 찾아 보세요.

보기

백의 자리, 뛰어 세기,
묶어 세기, 곱셈, 삼각형,
변, 시간, 어림, 분류

벗	뛰	어	세	기	타	래	분
곱	아	림	산	메	변	내	류
셈	띠	라	마	아	미	리	내
다	솜	온	루	백	의	자	리
샛	별	새	녘	가	온	누	리
묶	어	세	기	미	르	삼	나
눈	꽃	샘	물	길	섶	각	르
가	늠	시	간	앙	밝	형	샤

더 재미있게 찾아요!

수학 어휘를 모두 찾았나요?
그러면 글자판에서 여러분이 아는 다른 낱말을 더 찾아 보세요!
누가 더 많이 찾나 함께 게임을 해도 좋아요.

수학 어휘를 만들어보자

2

수학 어휘가 아직도 알쏭달쏭하다고요?

괜찮아요! 뒤죽박죽 수학 어휘를 바르게 만들고,

초성 보고 수학 어휘 만들기를 해 보세요.

그러다 보면 수학 어휘를 정확히 알게 될 거예요.

이런 활동으로 수학 어휘를 익혀요

① 뒤죽박죽 글자로 수학 어휘 만들기

② 초성 보고 수학 어휘 만들기

수학 어휘를 만들어 보자

❶ 뒤죽박죽 글자로 수학 어휘 만들기

도전문제(1)

✏️ 어휘를 바르게 고쳐 □ 안에 써 보세요.

• 467은 (자세리수)입니다.

| 세 | 자 | 리 | 수 |

| 5 | 10 | 15 | 20 |

• 5씩 (어뛰기세)를 했습니다.

| | | | | |

• 541에서 4는 (자리십의)
숫자입니다.

| | | | | |

$$5 \times 4$$

• 이 식은 (셈식곱)입니다.

| | | |

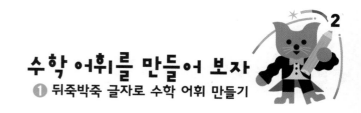

도전문제(2)

🖊 어휘를 바르게 고쳐 □ 안에 써 보세요.

⓵

$$\begin{array}{r} 5\ 6 \\ +\ 2\ 7 \\ \hline 8\ 3 \end{array}$$

- ⓵에 쓴 1은 낱개 1개가 아니라
  (묶십음) 1개입니다.

□ □ □

⓵

$$\begin{array}{r} 5\ 6 \\ +\ 2\ 7 \\ \hline 8\ 3 \end{array}$$

- ⓵은 일의 자리에서 10을
  (올아받림) 한 것을 나타냅니다.

□ □ □ □

수학 어휘를 만들어 보자
❶ 뒤죽박죽 글자로 수학 어휘 만들기

도전문제(3)

✏️ 어휘를 바르게 고쳐 ☐ 안에 써 보세요.

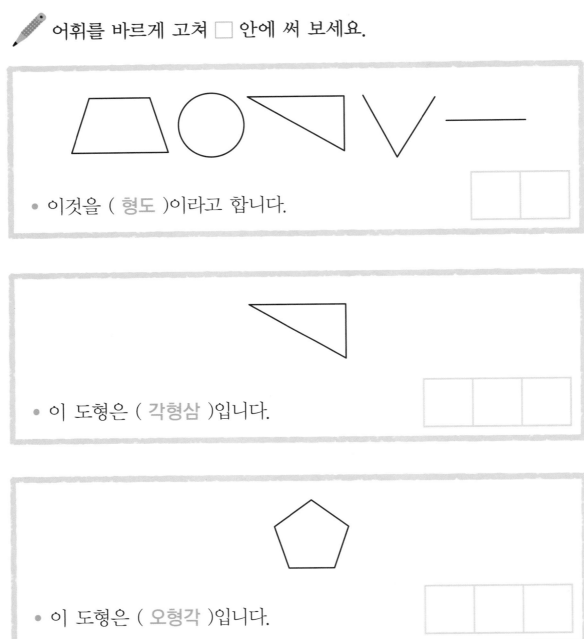

• 이것을 (형도)이라고 합니다.

• 이 도형은 (각형삼)입니다.

• 이 도형은 (오형각)입니다.

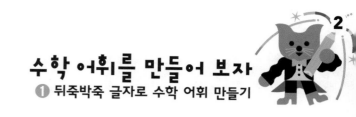

도전문제(4)

✏️ 어휘를 바르게 고쳐 □ 안에 써 보세요.

• 이 도형은 (은선곧)입니다.

• •을 (짓점꼭)이라고 합니다.

• 빨간색 (기쌓무나)는
  왼쪽 아래에 있습니다.

• 삼각형과 (형사각)으로
  나무 모양을 만들었습니다.

수학 어휘를 만들어 보자
① 뒤죽박죽 글자로 수학 어휘 만들기

 도전문제(5)

✎ 어휘를 바르게 고쳐 ☐ 안에 써 보세요.

• (루하)는 오전과 오후로 나눕니다.

• (늘바긴)이 가리키는
작은 눈금 한 칸은 1분을 나타냅니다.

• 낮 12시부터 밤 12시까지를 (후오)라고 합니다.

• 이것은 날짜를
알아보기 위해 사용하는 (력달)입니다.

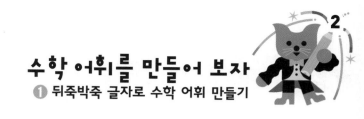

✏️ 어휘를 바르게 고쳐 □ 안에 써 보세요.

• 300센티미터는 3(터미)와 같습니다. | | |

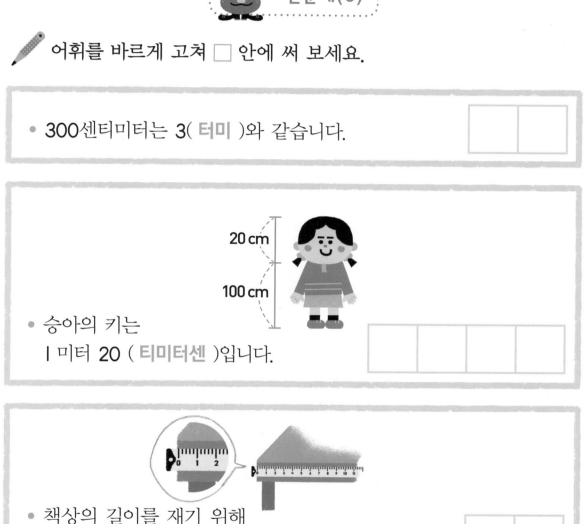

20 cm

100 cm

• 승아의 키는
 1 미터 20 (티미터센)입니다. | | | | |

• 책상의 길이를 재기 위해
 책상의 한끝을 자의 (금눈) 0에 맞췄습니다. | | |

• 칠판의 길이를 (림어)하기 위해 뼘으로 재었습니다. | | |

수학 어휘를 만들어 보자
① 뒤죽박죽 글자로 수학 어휘 만들기

어휘를 바르게 고쳐 □ 안에 써 보세요.

 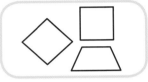

- 도형을 삼각형과 사각형으로 (류분)하였습니다.

- 색깔을 (준기)으로 양말을 분류하였습니다.

- 조사한 자료의 수를 모두 더하여 (계합)를 구합니다.

- 우리 반 친구들이 가장 좋아하는 계절을 알아보기 위해 (래프그)를 그렸습니다.

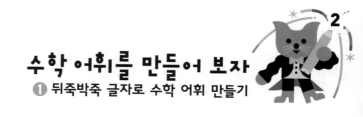

도전문제(8)

🖊 어휘를 바르게 고쳐 ☐ 안에 써 보세요.

• 우리 반 친구들이 좋아하는 간식을 조사한
  (료자)를 그래프로 그렸습니다.

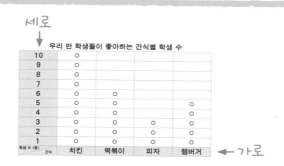

• 이렇게 (프래그)로 나타내려면 가로와
  세로에 무엇을 써야 할지 정해야 합니다.

• 조사한 자료의 전체 수를 (계합)라고 합니다.

• (그프래)로 나타내면
  자료를 한눈에 알아보기 쉽습니다.

수학 어휘를 만들어 보자

① 뒤죽박죽 글자로 수학 어휘 만들기

 도전문제(9)

✏️ 어휘를 바르게 고쳐 ☐ 안에 써 보세요.

• 5237에서 5는 5000을 나타내는
(자리의천) 숫자입니다.

☐☐ ☐☐

---

6 x 1 = 6
6 x 2 = 12
6 x 3 = 18
⋮

• 6단 (구곱구셈)에서는
곱하는 수가 1씩 커지면,
곱은 6씩 커집니다.

☐☐☐☐

• 이것은 (교칠판)입니다.

☐☐☐

• 시계에서 긴바늘이 가리키는 작은
(금눈) 한 칸은 1분을 나타냅니다.

☐☐

• 시계의 (늘바긴)이 한 바퀴 도는 데
60분이 걸립니다.

☐☐☐

46

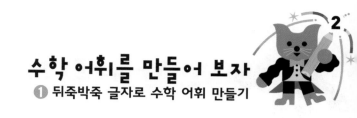

도전문제(10)

✏️ 어휘를 바르게 고쳐 □ 안에 써 보세요.

• 이것을 (**나쌓무기**)라고 부릅니다.

• 길이를 잴 때 '센티미터'나 '미터'와 같은
 (**위단**)를 사용할 수 있습니다.

• 자로 재지 않고 (**림어**)한 길이를 말할 때,
 숫자 앞에 '약'을 붙여서 말합니다.

• 2 m 50 cm를
 2 미터 50 (**터티센미**)라고 읽습니다.

수학 어휘를 만들어 보자

② 초성 보고 수학 어휘 만들기

도전문제(1)

초성을 보고 □ 안에 알맞은 수학 어휘를 써 보세요.

- 100이 5개이면 500이라고 쓰고

  | ㅇ | ㅂ | 이라고 읽습니다.

  | 오 | 백 |

| 1000 | 2000 | 3000 | 4000 | 5000 |

- 1000씩 | ㄸ | ㅇ | ㅅ | ㄱ |를
  하였습니다.

  | | | | | |

- 728에서 2는 | ㅅ | ㅇ | ㅈ | ㄹ |

  숫자이고, 20을 나타냅니다.

  | | | | | |

- 625와 527의 크기 비교를 할 때,

  | ㅂ | ㅇ | ㅈ | ㄹ | 수부터

  비교합니다.

  | | | | | |

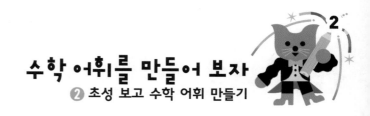

✏️ 초성을 보고 □ 안에 알맞은 수학 어휘를 써 보세요.

• 오렌지를 **4**개씩

| ㅁ | ㅇ | ㅅ | ㄱ | 하였습니다.

| | | | | |

• **7**의 **3**배는 **7**×**3**과 같은

| ㄱ | ㅅ | ㅅ | 으로 나타낼 수 있습니다.

| | | |

• **4**씩 **7** | ㅁ | ㅇ | 은 **4**의 **7**배와 같습니다.

| | |

• 은 의 **4** | ㅂ | 입니다.

| |

수학 어휘를 만들어 보자
❷ 초성 보고 수학 어휘 만들기

✏️ 초성을 보고 □ 안에 알맞은 수학 어휘를 써 보세요.

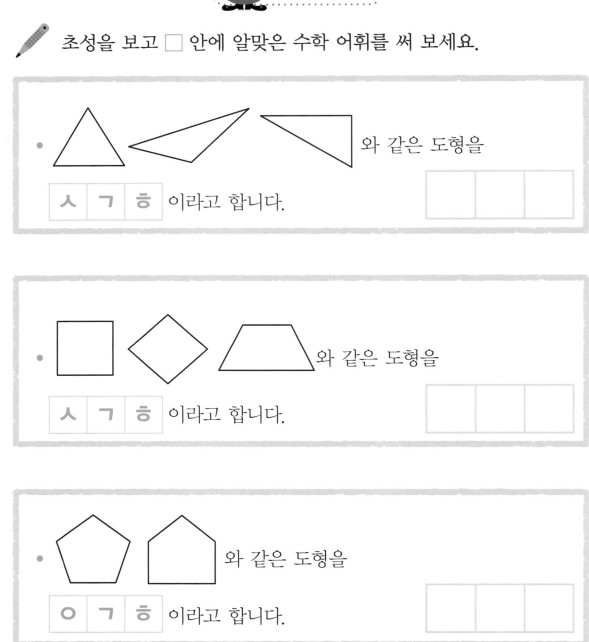

· 와 같은 도형을

ㅅ ㄱ ㅎ 이라고 합니다.

· 와 같은 도형을

ㅅ ㄱ ㅎ 이라고 합니다.

· 와 같은 도형을

ㅇ ㄱ ㅎ 이라고 합니다.

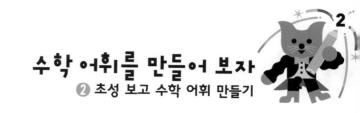

도전문제(4)

🖊 초성을 보고 □ 안에 알맞은 수학 어휘를 써 보세요.

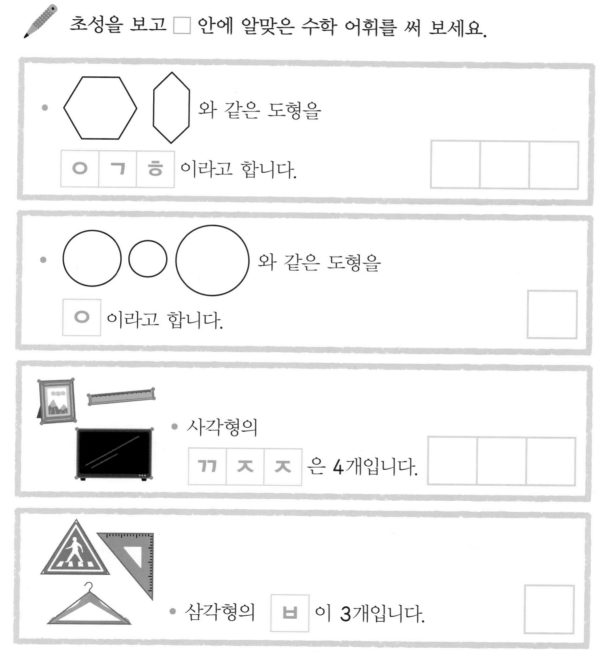

· ⬡ ⬡ 와 같은 도형을

ㅇ ㄱ ㅎ 이라고 합니다. □□□

· ◯ ◯ ◯ 와 같은 도형을

ㅇ 이라고 합니다. □

· 사각형의

ㄲ ㅈ ㅈ 은 4개입니다. □□□

· 삼각형의 ㅂ 이 3개입니다. □

수학 어휘를 만들어 보자

❷ 초성 보고 수학 어휘 만들기

도전문제(5)

초성을 보고 □ 안에 알맞은 수학 어휘를 써 보세요.

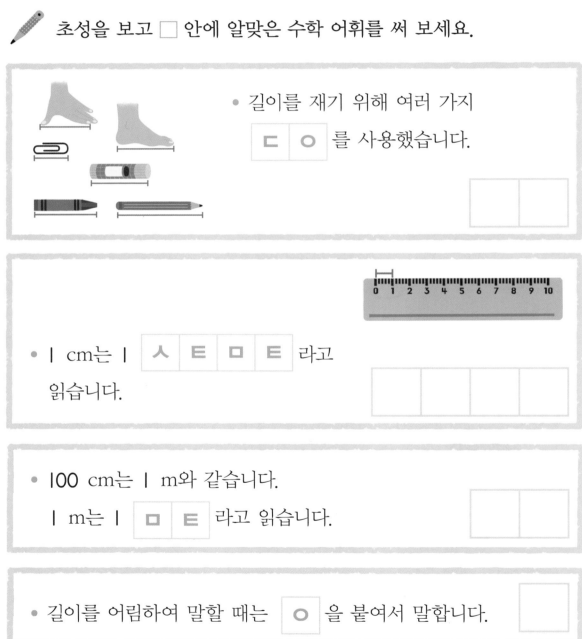

• 길이를 재기 위해 여러 가지 ㄷㅇ 를 사용했습니다.

• 1 cm는 1 ㅅㅌㅁㅌ 라고 읽습니다.

• 100 cm는 1 m와 같습니다. 1 m는 1 ㅁㅌ 라고 읽습니다.

• 길이를 어림하여 말할 때는 ㅇ 을 붙여서 말합니다.

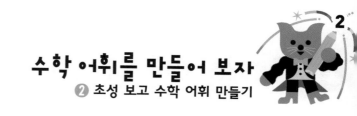

도전문제(6)

✏️ 초성을 보고 ☐ 안에 알맞은 수학 어휘를 써 보세요.

• 이 시계의 ㅅ ㄱ 은 '6시 50분'으로도 읽을

수 있고, '7시 10분 전'으로도 읽을 수 있습니다.

☐ ☐

• 60분은 1 ㅅ ㄱ 입니다.

☐ ☐

• ㅎ ㄹ 는 24시간입니다.

☐ ☐

• ㅇ ㅈ ㅇ 은 7일입니다.

☐ ☐ ☐

• 1년은 12 ㄱ ㅇ 입니다.

☐ ☐

수학 어휘를 만들어 보자

✏️ 초성을 보고 □ 안에 알맞은 수학 어휘를 써 보세요.

- 모양을 기준으로 과자를 ㅂ ㄹ 했습니다.

- 색깔을 ㄱ ㅈ 으로 사탕을 분류했습니다.

- 책장의 책을 동화책, 위인전, 사전으로

  ㅂ ㄹ 하여 정리하였습니다.

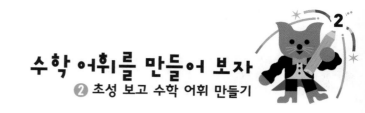

도전문제(8)

🖊 초성을 보고 □ 안에 알맞은 수학 어휘를 써 보세요.

나의 가위바위보 결과

결과	이김	짐	비김	합계
횟수	4	3	3	10

• 조사한 자료를 ㅍ 로 나타내면 전체 합계를 알기 쉽습니다.

우리 반 학생들이 좋아하는 반려동물별 학생 수

학생 수(명)	강아지	앵무새	고양이	햄스터
10	○			
9	○			
8	○			
7	○			
6	○	○		○
5	○	○		○
4	○	○	○	○
3	○	○	○	○
2	○	○	○	○
1	○	○	○	○

• 조사한 자료를 정리하여 그림과 같이 나타낸 것을 ㄱ ㄹ ㅍ 라고 합니다.

• 그래프를 그리기 전에 가로와 ㅅ ㄹ 에 무엇을 나타낼지 먼저 정해야 합니다.

도전문제(9)

초성을 보고 □ 안에 알맞은 수학 어휘를 써 보세요.

• 사과의 개수는

4의 3 ㅂ 와 같습니다.

4개씩 3묶음

• 3+3+3+3은 덧셈식이고,

3×4는 ㄱ ㅅ ㅅ 입니다.

• 6789에서 6은 ㅊ ㅇ ㅈ ㄹ 숫자이고,

6000을 나타냅니다.

• ㄱ ㅅ ㄱ ㄱ 를 외워 두면

곱셈을 할 때 편리합니다.

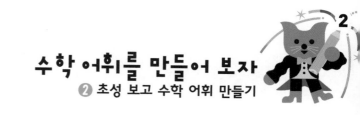
수학 어휘를 만들어 보자
❷ 초성 보고 수학 어휘 만들기

도전문제(10)

✏️ 초성을 보고 □ 안에 알맞은 수학 어휘를 써 보세요.

• 사각형을 이루는 곧은 선을
　ㅂ 이라고 합니다.

• 하루는 ㅇㅈ 과 ㅇㅎ 로
나뉩니다.

　　　　　, 　　　　

• 허리둘레를 잴 때는 ㅈㅈ 로
재는 것이 좋습니다.

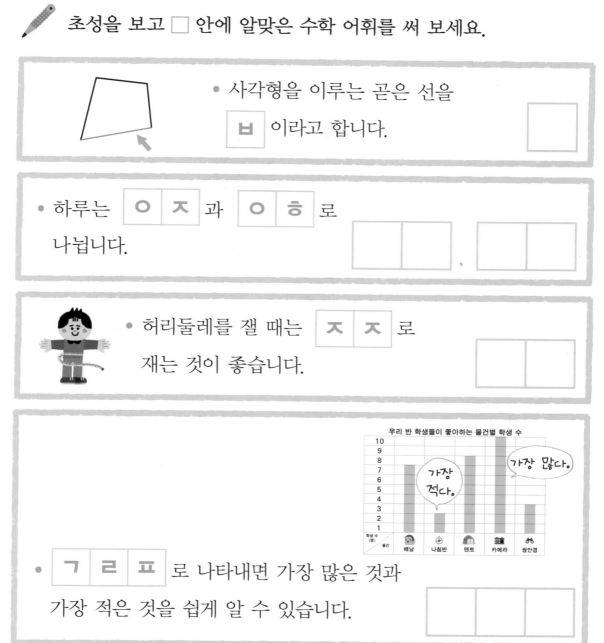

우리 반 학생들이 좋아하는 물건별 학생 수

가장
적다.

가장 많다.

학생 수
(명)
물건　배낭　나침반　텐트　카메라　쌍안경

• ㄱㄹㅍ 로 나타내면 가장 많은 것과
가장 적은 것을 쉽게 알 수 있습니다.

3

수학 어휘에 익숙해지자

수학 어휘가 알쏭달쏭하다고요? 괜찮아요!

관계있는 것을 연결하고 빈칸에 따라 쓰다 보면

정확히 알게 될 거예요.

이런 활동으로 수학 어휘를 익혀요

❶ 수학 어휘 고르기

❷ 관계있는 것끼리 짝 짓기

❸ 빈칸에 따라 쓰기

❹ 빈칸에 수학 어휘 쓰기

수학 어휘에 익숙해지자

❶ 수학 어휘 고르기

🖊 알맞은 수학 어휘나 숫자, 기호를 골라서 동그라미 하세요.

894	
세 자리 수	네 자리 수

254에서 5가 나타내는 수		
500	50	5

500 — 600 — 700	
10씩 뛰어 세기	100씩 뛰어 세기

564에서 백의 자리 숫자		
5	6	4

두 수의 크기를 비교할 때 나타내는 기호	
>, <	+

도전문제(2)

🖊 알맞은 수학 어휘나 식을 골라서 동그라미 하세요.

2 × 3 = 6과 같은 식	
덧셈식	곱셈식

2 + 2 + 2는 2의 3( )	
배	차

3씩 5( )은 3의 5배	
묶음	낱개

4와 7의 ( )은 28입니다.		
합	차	곱

3의 6배를 ( )이라고 씁니다.	
3 + 6	3 × 6

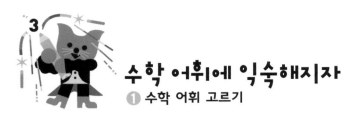

도전문제(3)

알맞은 수학 어휘를 골라서 동그라미 하세요.

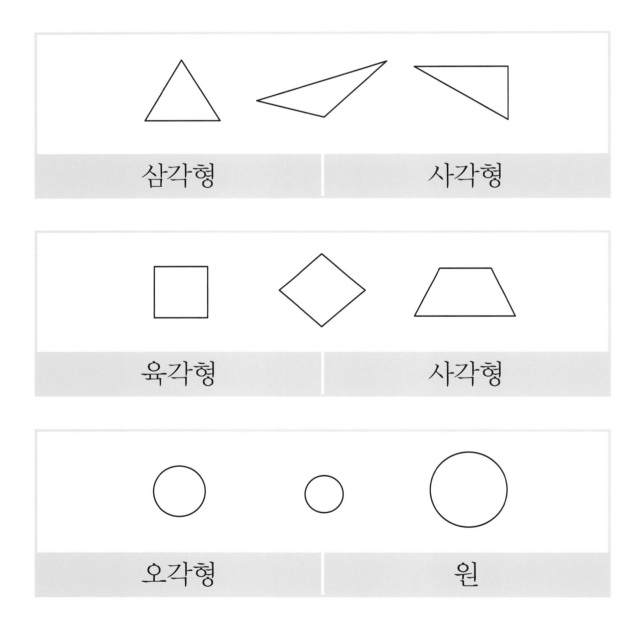

삼각형 　　　　 사각형

육각형 　　　　 사각형

오각형 　　　　 원

도전문제(4)

알맞은 수학 어휘나 도형을 골라서 동그라미 하세요.

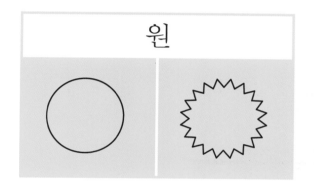

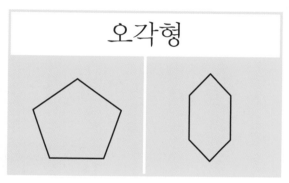

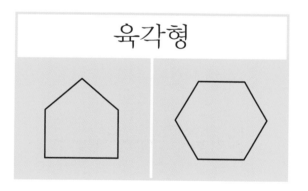

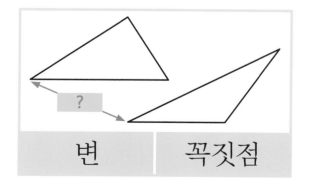

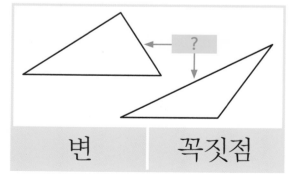

63

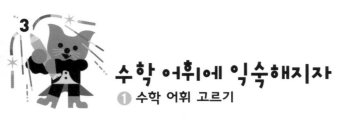

수학 어휘에 익숙해지자
1 수학 어휘 고르기

 도전문제(5)

✏️ 알맞은 수학 어휘를 골라서 동그라미 하세요.

cm		m	
미터	센티미터	미터	센티미터

한쪽 끝을 자의 (　　　) 0에 맞춥니다.

눈금	약

크레파스는 7 cm에 가깝기 때문에 (　　　) 7 cm입니다.

조금	약

약 8 cm라고 하는 것은 길이를 (　　　)하여 말한 것입니다.

어림	요리

 도전문제(6)

알맞은 수학 어휘를 골라서 동그라미 하세요.

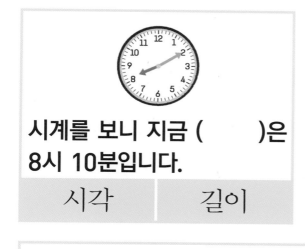

시계를 보니 지금 (   )은 8시 10분입니다.

| 시각 | 길이 |

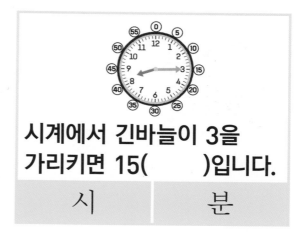

시계에서 긴바늘이 3을 가리키면 15(   )입니다.

| 시 | 분 |

60분은 1(   )입니다.

| 시간 | 시각 |

(   )는 24시간입니다.

| 하루 | 일주일 |

일 년은 12(   )입니다.

| 일 | 개월 |

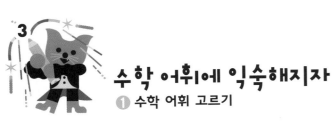

수학 어휘에 익숙해지자
① 수학 어휘 고르기

 알맞은 수학 어휘를 골라서 동그라미 하세요.

 공을 같은 색깔끼리 (　　　)할 수 있습니다.

자료	분류

단춧구멍 개수를 (　　　)으로 분류하였습니다.

기준	단위

친구들이 좋아하는 계절

봄	겨울	겨울	가을	여름
여름	겨울	여름	겨울	봄
가을	봄	겨울	겨울	여름

친구들이 좋아하는 계절을 (　　　)하여 세어 보고 겨울을 가장 좋아한다는 것을 알게 되었습니다.

분류	어림

66

도전문제(8)

알맞은 수학 어휘를 골라서 동그라미 하세요.

준기네 반 학생들이 좋아하는 운동별 학생 수

운동	태권도	달리기	줄넘기	축구	수영	합계
학생 수(명)						

이렇게 생긴 것을 (　　　)라고 합니다.

표	그래프

영수네 반 학생들이 일주일 동안 읽은 책 수

권수\이름	영수	민희	민서	혜진	태준	이준	윤서

이렇게 생긴 것을 (　　　)라고 합니다.

표	그래프

표에서 조사한 자료의 수를 모두 합한 것을 (　　　)라고 합니다.

기준	합계

(　　　)는 조사한 자료의 전체 개수를 알기 편리합니다.

표	눈금

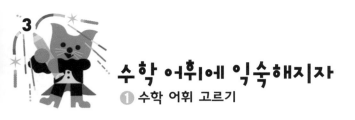

도전문제(9)

🖊 알맞은 수학 어휘나 숫자를 골라서 동그라미 하세요.

삼각형에서 곧은 선은 ( )이라고 합니다.	
꼭짓점	변

사각형에서 곧은 선과 곧은 선이 만나는 점을 ( )이라고 합니다.	
꼭짓점	변

529의 백의 자리 숫자는 ( )입니다.	
5	2

713에서 3은 ( ) 숫자입니다.	
십의 자리	일의 자리

6씩 2묶음은 6의 2( )입니다.	
배	자리

도전문제(10)

알맞은 수학 어휘를 골라서 동그라미 하세요.

전날 밤 12시부터 그다음 날 낮 12시까지	
오전	오후

1월부터 12월까지는 1(　　) 입니다.	
일	년

2시 55분을 3시 5분 (　　)이라고도 합니다.	
전	후

집에서 출발한 시각과 학교에 도착한 시각을 알면 학교 가는 데 걸린 (　　)을 알 수 있습니다.	
날짜	시간

조사한 자료를 (　　)와 그래프를 이용해 정리하면 편리합니다.	
표	달력

수학 어휘에 익숙해지자

❷ 관계있는 것끼리 짝 짓기

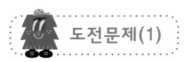 도전문제(1)

✏️ 관계있는 것끼리 바르게 연결하세요.

곱셈식 •   • 2+5

세 자리 수 •   • 2×5

덧셈식 •   • 926

뺄셈식 •   • 50

두 자리 수 •   • 37-18

수학 어휘에 익숙해지자
② 관계있는 것끼리 짝 짓기

도전문제(2)

✏️ 0부터 2씩 뛰어 세기는 ○ 표시를 하고, 3씩 뛰어 세기는 △ 표시를 하세요.

1	②	△3	④	5
⑥△	7	8	9	10
11	12	13	14	15
16	17	18	19	20
21	22	23	24	25
26	27	28	29	30

수학 어휘에 익숙해지자
❷ 관계있는 것끼리 짝 짓기

 도전문제(3)

✏️ 관계있는 것끼리 바르게 연결하세요.

4의 3배 •　　　　　• 827

7단 곱셈구구 •　　　　　• 4 × 3

9342 •　　　　　• 9000 + 300 + 40 + 2

세 자리 수 •　　　　　• 8 × 9

8단 곱셈구구 •　　　　　• 7 × 2

수학 어휘에 익숙해지자

② 관계있는 것끼리 짝 짓기

도전문제(4)

✏️ 출발 지점에서 2단 곱셈구구만 연결하여 도착 지점까지 가세요.
(이동 규칙 : 가로와 세로 방향으로만 움직입니다.)

출발	2×6	3×4	2+7	7×6	6×6
5×6	2×1	2−1	8×6	9×6	3×6
3×1	2×2	7−2	1×8	4×8	9×8
5×9	2×3	2×4	2×5	3+9	6+7
7×7	3−1	4−2	2×6	7×2	8−1
9+5	3×3	9−4	2×7	2×8	5+6
3−3	1+1	7×9	1−0	2×9	도착

수학 어휘에 익숙해지자
② 관계있는 것끼리 짝 짓기

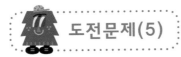

✏️ 관계있는 것끼리 바르게 연결하세요.

삼각형 ·

사각형 ·

오각형 ·

육각형 ·

원 ·

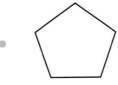

수학 어휘에 익숙해지자

도전문제(6)

✏️ 다음 모양 속에 똑같은 삼각형 모양이 들어가도록 나누어 보세요.

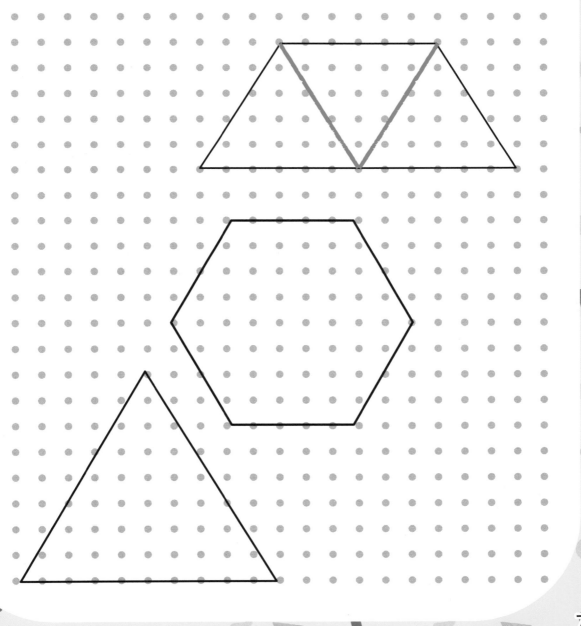

수학 어휘에 익숙해지자
❷ 관계있는 것끼리 짝 짓기

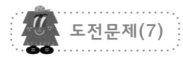 도전문제(7)

✏️ 관계있는 것끼리 바르게 연결하세요.

하루 •   • m

미터 •      •

개월 •   • 24시간

눈금 •   • cm

센티미터 •   • 달

수학 어휘에 익숙해지자

도전문제(8)

✏️ 같은 시각을 같은 모양으로 표시하세요.

✡️ 7시 15분   △ 10시 50분   ♀ 9시 30분   ♡ 3시

11시 10분 전	 09:30	 ✡️
✡️  07:15		 03:00
	 10:50	

✏️ 관계있는 것끼리 바르게 연결하세요.

l시간 •

짧은바늘은
3에 있고,
긴바늘은
l2에 있습니다. •

• 60분

6시 l5분 전 •

l0시 l0분 •

• 5시 45분

8시 50분 •

• 9시 l0분 전

도전문제(10)

✏️ 사다리를 따라 연결된 답이 맞으면 ○, 틀리면 ✕에
표시해 보세요.

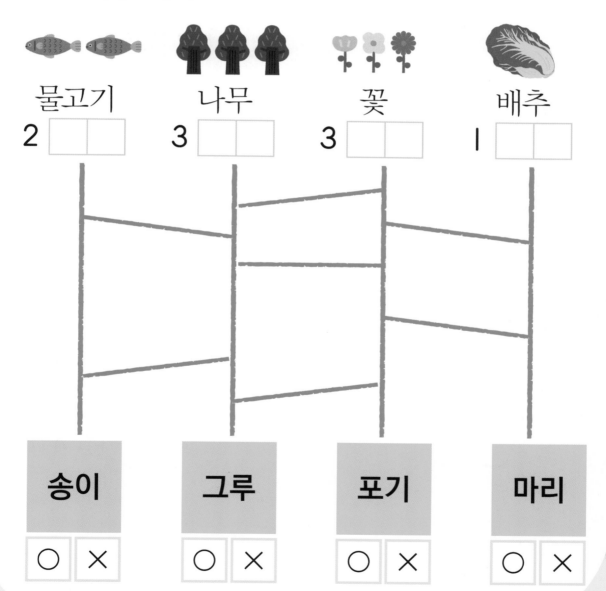

물고기   나무   꽃   배추

2 □□   3 □□   3 □□   l □□

송이	그루	포기	마리
○ ✕	○ ✕	○ ✕	○ ✕

수학 어휘에 익숙해지자
❷ 관계있는 것끼리 짝 짓기

도전문제(11)

✏️ 관계있는 것끼리 바르게 연결하세요.

세모 •   • 꼭짓점

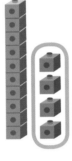 낱개 •   • 삼각형

십 묶음이 2이고
낱개가 4인 수 •   • 일의 자리

   • 십의 자리가 2이고
                              일의 자리가 4인 수

네모 •   • 사각형

수학 어휘에 익숙해지자

② 관계있는 것끼리 짝 짓기

✏️ 서로 붙어 있는 두 수를 더해서 가운데 수를 만들 수 있는 경우를 모두 골라서 동그라미 하세요.

4	4	2	6	3	1
5	5			3	7
4	1	**8**		2	2
9	2	4	2	3	5

10	2	1	7	3	4
1	2			8	7
3	5	**12**		3	6
8	4	7	5	4	8

수학 어휘에 익숙해지자

❸ 빈칸에 따라 쓰기

도전문제(1)

✏️ 수학 어휘를 따라 써 보세요.

네	자	리		누
네	자	리		수

천	의		자	리
천	의		자	리

뛰	어		세	기
뛰	어		세	기

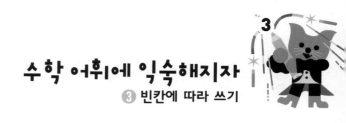
 도전문제(2)

✏️ 수학 어휘를 따라 써 보세요.

배	배

곱	곱

곱	셈

곱	셈

곱	하	기

곱	하	기

구	구	단

구	구	단

곱	셈	구	구

곱	셈	구	구

수학 어휘에 익숙해지자

③ 빈칸에 따라 쓰기

✏️ 수학 어휘를 따라 써 보세요.

도	형

도	형

삼	각	형

삼	각	형

사	각	형

사	각	형

오	각	형

오	각	형

도전문제(4)

✏️ 수학 어휘를 따라 써 보세요.

육	각	형

육	각	형

원

원

꼭	짓	점

꼭	짓	점

곧	은	선

곧	은	선

변

변

수학 어휘에 익숙해지자

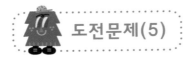 도전문제(5)

✏️ 수학 어휘를 따라 써 보세요.

하 루   하 루

오 전   오 전

오 후   오 후

시   시   분   분

시 간   시 간

86

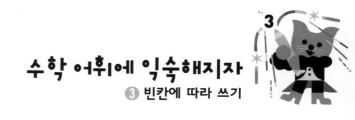

✏️ 수학 어휘를 따라 써 보세요.

요 일   요 일

일 주 일   일 주 일

개 월   개 월

달 력   달 력

날 짜   날 짜

년   년   월   월

수학 어휘에 익숙해지자
③ 빈칸에 따라 쓰기

 도전문제(7)

✏️ 수학 어휘를 따라 써 보세요.

센	티	미	터

센	티	미	터

미	터		미	터

눈	금		눈	금

어	림		어	림

약		약

단	위		단	위

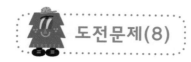 도전문제(8)

✏️ 수학 어휘를 따라 써 보세요.

분	류		분	류

| 기 | 준 | | 기 | 준 |

| 자 | 료 | | 자 | 료 |

| 표 | | | 표 |

| 합 | 계 | | 합 | 계 |

| 그 | 래 | 프 | | 그 | 래 | 프 |

수학 어휘에 익숙해지자

❸ 빈칸에 따라 쓰기

 도전문제(9)

✏️ 수학 어휘와 기호를 따라 써 보세요.

| 더 | 하 | 기 | + |

| 더 | 하 | 기 | + |

| 빼 | 기 | − |

| 빼 | 기 | − |

| 곱 | 하 | 기 | × |

| 곱 | 하 | 기 | × |

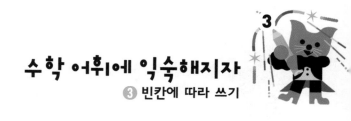

도전문제(10)

✏ 수학 어휘를 따라 써 보세요.

| 센 | 티 | 미 | 터 | cm |

| 센 | 티 | 미 | 터 | cm |

| 미 | 터 | m |

| 미 | 터 | m |

| 쌍 | 기 | 나 | 무 |

| 쌍 | 기 | 나 | 무 |

91

수학 어휘에 익숙해지자

④ 빈칸에 수학 어휘 쓰기

도전문제(1)

✏ □ 안에 알맞은 수학 어휘를 써 보세요.

| 6020 | 6030 | 6040 | 6050 | 6060 |

• 10씩 □□ □□ 를 한 것입니다.

8234

• □□ □□ 숫자는 8입니다.

673

• □□ □□□ 숫자는 7이고, 70을 나타냅니다.

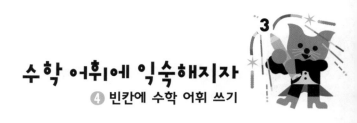
 도전문제(2)

🖉 □ 안에 알맞은 수학 어휘를 써 보세요.

• 6은 2의 3 ☐ 입니다.

• 7과 3의 ☐ 은 21입니다.

✕

• 두 수의 곱을 나타낼 때 쓰는 기호입니다.
☐☐☐ 라고 읽습니다.

93

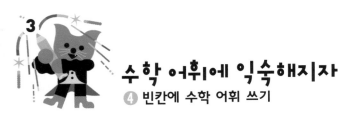
 도전문제(3)

✏️ □ 안에 알맞은 수학 어휘를 써 보세요.

곧은 선, 삼각형, 사각형,
오각형, 육각형, 원

- 이와 같은 모양을 ☐☐ 이라고 합니다.

- 삼각형은 변과 ☐☐☐ 이 각각 **3**개입니다.

- 사각형은 **4**개의 곧은 선으로 이루어졌습니다.

  이러한 곧은 선을 ☐ 이라고 합니다.

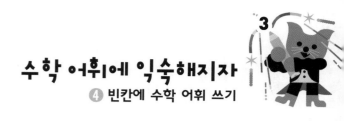

 도전문제(4)

✏️ □ 안에 알맞은 수학 어휘를 써 보세요.

• 삼각형, 사각형, 원 중에서 ☐ 은 곧은 선이 없습니다.

• ☐☐☐ 은 변과 꼭짓점이 각각 **5**개입니다.

• 나는 꼭짓점이 **6**개입니다. 나는 변이 **6**개입니다.
  나는 ☐☐☐ 입니다.

수학 어휘에 익숙해지자

④ 빈칸에 수학 어휘 쓰기

도전문제(5)

✏️ □ 안에 알맞은 수학 어휘를 써 보세요.

• 길이의 단위인 cm는 　　　　　　 라고 읽습니다.

• 길이의 단위인 m는 　　　 라고 읽습니다.

• 1미터는 100 　　　　 입니다.

 도전문제(6)

✏️ □ 안에 알맞은 수학 어휘를 써 보세요.

- 월요일부터 일요일까지 □□□ 은 7일입니다.

- 하루는 □□ 과 오후로 나누어집니다.

- 1일은 24 □□ 입니다.

- 나는 새벽, 아침을 모두 포함합니다. 나는 오후는 아닙니다.
  나는 □□ 입니다.

수학 어휘에 익숙해지자
❹ 빈칸에 수학 어휘 쓰기

도전문제(7)

🖊 □ 안에 알맞은 수학 어휘를 써 보세요.

운동 도구	🏀	⚽	🏏	🎾	🏓	합계
어린이 수(명)	4	7	6	5	2	24

• 자료를 조사하여 □ 로 나타낼 수 있습니다.

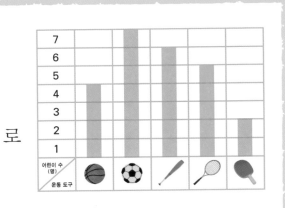

• 표를 보고 □□□ 로 나타낼 수 있습니다.

• □□ 를 조사하여 표와 그래프로 나타냅니다.

수학 어휘에 익숙해지자

④ 빈칸에 수학 어휘 쓰기

도전문제(8)

🖊 □ 안에 알맞은 수학 어휘를 써 보세요.

• 조사한 자료를 분류할 때는 □□ 을 세웁니다.

미정이네 반 학생들이 좋아하는 간식별 학생 수

간식	김밥	떡볶이	만두	피자	합계
학생 수(명)	3	7	8	7	25

• 표에서 조사한 학생 수를 모두 합한 것을 □□ 라고

합니다.

• 나를 나타내기 위해서 다음과 같은 일을 합니다.

㉠ 가로와 세로에 어떤 것을 쓸지 정합니다.
㉡ 가로와 세로를 각각 몇 칸으로 할지 정합니다.
㉢ 표를 보고 수만큼 표시합니다.
㉣ 제목을 씁니다.

나는 □□□ 입니다.

좋아하는 동물별 학생 수

학생 수(명) / 동물	햄스터	병아리	토끼	물고기	닭
10	○				
9	○	○	○		
8	○	○	○		
7	○	○	○	○	
6	○	○	○	○	
5	○	○	○	○	○
4	○	○	○	○	○
3	○	○	○	○	○
2	○	○	○	○	○
1	○	○	○	○	○

수학 어휘에 익숙해지자

④ 빈칸에 수학 어휘 쓰기

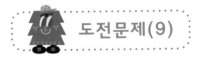

도전문제(9)

✏️ □ 안에 알맞은 수학 어휘를 써 보세요.

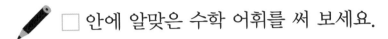

- 4씩 뛰어 세기를 하면

  4단 □□□□ 를 알 수 있습니다.

  4×3은 얼마지?
  4, 8, 12니까
  12구나.

- 곱셈식 8×9는

  '팔 □□□ 구'라고 읽습니다.

- 삼각형, 사각형, 오각형, 육각형에서 곧은 선을

  □ 이라고 합니다.

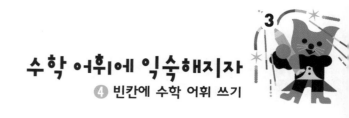

도전문제(10)

□ 안에 알맞은 수학 어휘를 써 보세요.

• 내 책상은 ☐ | m로 어림할 수 있습니다.

• 월요일, 화요일, 수요일, 목요일, 금요일, 토요일, 일요일은

모두 **7**일입니다. 이것을 ☐☐☐ 이라고 합니다.

• 나는 오전과 오후로 나눌 수 있습니다. 나는 **24**시간입니다.

나는 ☐☐ 입니다.

수학 어휘에 익숙해지자

도전문제(11)

✏️ ☐ 안에 알맞은 수학 어휘를 써 보세요.

• 48은 십의 ☐☐ 가 4이고, 일의 자리가 8인 수입니다.

• 일주일은 월요일, ☐ 요일, ☐ 요일, 목요일, 금요일,

☐ 요일, ☐ 요일로 되어 있습니다.

• '길다', '짧다'는 ☐☐ 를 비교하는 말입니다.

'센티미터'와 '미터'는 ☐☐ 를 재는 단위입니다.

100 ☐☐☐☐ 는 1 미터와 같습니다.

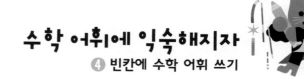

도전문제(12)

🖊 □ 안에 알맞은 수학 어휘를 써 보세요.

• 세모는 ☐☐☐ 이고, 네모는 사각형이라고 합니다.

• 동그라미를 ☐ 이라고 합니다.

• 나는 10 묶음이 10개인 수입니다.
  나는 백의 자리 숫자가 1입니다.
  나는 ☐ 입니다.

4

가로세로퍼즐로
수학 어휘를
꽉잡자

와, 지금까지 정말 잘했어요!
이제 가로세로 퍼즐을 풀며 수학 어휘를 완전히
내 것으로 만들어 보세요.

가로세로 퍼즐로 수학 어휘를 꽉 잡자

🔑 가 로 열 쇠

② 9930 - 9940 - 9950 은 10씩 □□ □□를 했습니다.

④ 4×7은 4 □□□ 7이라고 읽습니다.

⑤ 7290에서 □□ □□ 숫자는 7이고, 7000을 나타냅니다.

🔑 세 로 열 쇠

① 🍓🍓🍓🍓🍓🍓 / 🍓🍓🍓🍓🍓🍓 / 🍓🍓🍓🍓🍓🍓 딸기를 6개씩 묶어서 □□ □□를 했습니다.

③ 5의 3□는 15입니다.

④ I단부터 9단까지 □□□□를 외우고 있으면 곱셈을

하는 데 편리합니다.

가로세로 퍼즐로 수학 어휘를 꽉 잡자

이 퍼즐에서는 띄어쓰기를 하지 않아도 돼요.

①

②

③

④ ④

⑤

가로세로 퍼즐로 수학 어휘를 꽉 잡자

 도전문제(2)

가 로 열 쇠

② ◯◯◯와 같은 □□을 원이라고 합니다.

③ 삼각형은 □□□이 3개입니다.

⑥ □와 같은 도형을 □□□이라고 합니다.

⑦ 빨간색 쌓기나무는 1층의 □□□에 있습니다.

세 로 열 쇠

① △와 같은 도형을 □□□이라고 합니다.

④ ⬡와 같은 도형을 □□□이라고 합니다.

⑤ 빨간색 쌓기나무는 1층의 □□에 있습니다.

⑦ ⬠와 같은 도형을 □□□이라고 합니다.

가로세로 퍼즐로 수학 어휘를 꽉 잡자

가로세로 퍼즐로 수학 어휘를 꽉 잡자

가 로 열 쇠

② 낮 I2시부터 밤 I2시까지를 □□라고 합니다.

③ 일주일은 월요일부터 일□□까지 7일입니다.

⑤ 한 달은 I□□이라고도 합니다.

⑥ I cm는 I □□□□라고 읽습니다.

⑧ 자를 이용하여 길이를 잴 때 자의 □□을 0에 맞춥니다.

세 로 열 쇠

① □□□은 7일입니다.

④ 45는 I0개씩 4묶음이고 □□는 5입니다.

⑦ I m는 I □□라고 읽습니다.

⑨ 목요일 다음 날은 □□□입니다.

가로세로 퍼즐로 수학 어휘를 꽉 잡자

🔑 **가 로 열 쇠**

② 924의 □□ □□는 4입니다.

④ 시각과 시간을 알아보기 위해 □□를 봅니다.

⑤ 56+7에서 일의 자리 셈이 10을 넘으면

　□□□□을 합니다.

⑥ 자료를 분류하기 위해서 □□을 정해야 합니다.

```
   ①
   5  6
+     7
───────
   6  3
```

🔑 **세 로 열 쇠**

① 토요일 다음 날은 □□□입니다.

③ 조사한 □□를 표로 정리하면 합계를 쉽게 알 수 있습니다.

④ 정확한 □□을 알기 위해 시계를 봅니다.

⑤ 56-7에서 일의 자리 셈을 하기 위해서

　□□□□이 필요합니다.

```
  4 ⑩
   5̸  6
-     7
───────
   4  9
```

①

② ③

④④

⑤⑤

⑥

가로세로 퍼즐로 수학 어휘를 꽉 잡자

도전문제(5)

🔑 가 로 열 쇠

③ 집에서 출발하여 학교에 도착하는데 걸린 □□은 10분입니다.

④ 공을 빨간색과 파란색으로 분류한 □□은 색깔입니다.

⑤ 조사한 □□는 표와 그래프로 나타낼 수 있습니다.

⑦ [그래프] 와 같이 자료를 정리한 것을 □□□라고 합니다.

🔑 세 로 열 쇠

① [표] 와 같이 자료를 정리한 것을 □라고 합니다.

② 93 + 28은 93 □□□ 28이라고 읽습니다.

③ 아침에 일어난 □□은 7시 30분입니다.

⑥ 꽃이 두 □□ 있습니다.

114

가로세로 퍼즐로 수학 어휘를 꽉 잡자

가 로 열 쇠

① □□를 말할 때는 월, 일을 말합니다.

④ 자료를 분류할 때 □□을 정합니다.

⑥ □□는 오전과 오후로 나누고, 24시간입니다.

⑦ 연필의 길이를 □□하여 약 4 cm라고 말합니다.

⑧ ■■■■■■에서 ■■이 반복되는 □□을 찾을 수 있습니다.

세 로 열 쇠

② □□□은 변과 꼭짓점이 3개입니다.

③ 🥬 배추를 셀 때 한 □□, 두 □□라고 합니다.

⑤ 곱셈식 5×4를 읽을 때 5 □□□ 4라고 읽습니다.

⑨ I□□은 60분입니다.

가로세로 퍼즐로 수학 어휘를 꽉 잡자

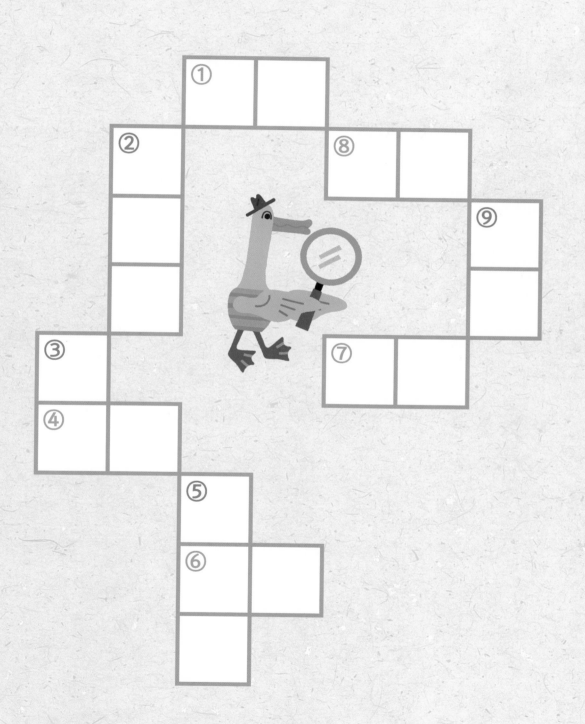

117

종합문제

종합문제

✏️ ⬜ 안에 들어갈 답의 번호에 ○표 하세요.

1. 8234에서 8은 8000을 나타내는 ⬜ 숫자입니다.

　①일의 자리 　②십의 자리 　③백의 자리 　④천의 자리 　⑤만의 자리

2. 7+7+7+7+7은 7의 5 ⬜ 입니다.

　①합 　②차 　③배 　④합 　⑤몫

3. 8의 3배는 8×3과 같은 ⬜ 으로 나타낼 수 있습니다.

　①곱셈식 　②덧셈식 　③뺄셈식 　④묶어 세기 　⑤뛰어 세기

4. 나는 꼭짓점이 3개입니다. 그리고 변이 3개입니다. 나는 ⬜ 입니다.

　①삼각형 　②사각형 　③오각형 　④육각형 　⑤원

5. 삼각형, 사각형, 오각형, 육각형, 원을 ⬜ 이라고 합니다.

　①변 　②가로 　③세로 　④도형 　⑤곧은 선

6. ☐은 곧은 선이 없는 도형입니다.

①삼각형 ②원 ③육각형 ④사각형 ⑤오각형

7. |년은 |2 ☐입니다.

①시간 ②하루 ③주일 ④요일 ⑤개월

8. 친구와 함께 |2시부터 |2시 30분까지 놀이를 했습니다.

놀이를 한 ☐은 30분입니다.

①요일 ②날짜 ③시간 ④개월 ⑤시각

9. cm는 길이를 나타내는 ☐입니다.

①자료 ②단위 ③조사 ④어림 ⑤약

10.

준기네 반 학생들이 좋아하는 운동별 학생 수

운동	태권도	달리기	줄넘기	축구	수영	☐
학생 수(명)	5	2	3	6	4	20

①달력 ②그래프 ③기준 ④분류 ⑤합계

어린이 여러분!
앞으로도 즐거운 마음으로 수학 어휘 공부를 열심히 하기 바랍니다.

정답

17쪽

수학 어휘와 친해지자

더 재미있게 찾아요
수학 어휘를 모두 찾았나요?
그러면 글자판에서 여러분이 아는 다른 낱말을 더 찾아 보세요!
누가 더 많이 찾나 함께 게임을 해도 좋아요.

17

19쪽

수학 어휘와 친해지자

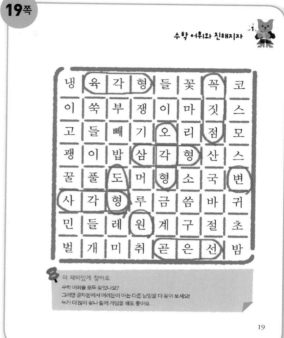

더 재미있게 찾아요
수학 어휘를 모두 찾았나요?
그러면 글자판에서 여러분이 아는 다른 낱말을 더 찾아 보세요!
누가 더 많이 찾나 함께 게임을 해도 좋아요.

19

21쪽

수학 어휘와 친해지자

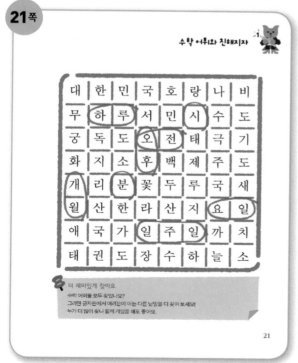

더 재미있게 찾아요
수학 어휘를 모두 찾았나요?
그러면 글자판에서 여러분이 아는 다른 낱말을 더 찾아 보세요!
누가 더 많이 찾나 함께 게임을 해도 좋아요.

21

23쪽

수학 어휘와 친해지자

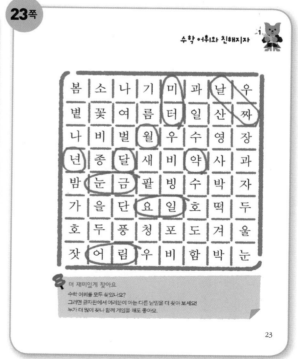

더 재미있게 찾아요
수학 어휘를 모두 찾았나요?
그러면 글자판에서 여러분이 아는 다른 낱말을 더 찾아 보세요!
누가 더 많이 찾나 함께 게임을 해도 좋아요.

23

곱	셈	식	곤	충	나	방	표
노	린	재	분	류	잠	자	리
여	치	사	마	귀	기	준	거
풍	이	합	계	초	파	리	미
방	아	깨	비	일	의	자	리
번	그	모	꽃	등	에	료	파
데	래	기	누	에	고	치	리
기	프	개	미	애	벌	레	똥

더 재미있게 찾아요
수학 어휘를 모두 찾았나요?
그러면 글자판에서 어린이가 아는 다른 낱말을 더 찾아 보세요!
누가 더 많이 찾나 함께 게임을 해도 좋아요.

25

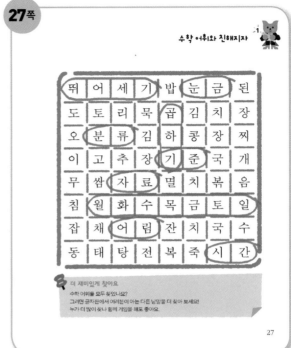

뛰	어	세	기	밥	눈	금	된
도	토	리	묵	곱	김	치	장
오	분	류	김	하	콩	장	찌
이	고	추	장	기	준	국	개
무	쌈	자	료	멸	치	볶	음
침	월	화	수	목	금	토	일
잡	채	어	림	잔	치	국	수
동	태	탕	전	복	죽	시	간

더 재미있게 찾아요
수학 어휘를 모두 찾았나요?
그러면 글자판에서 어린이가 아는 다른 낱말을 더 찾아 보세요!
누가 더 많이 찾나 함께 게임을 해도 좋아요.

27

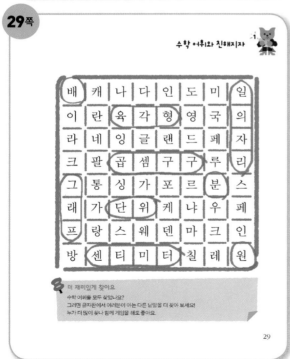

배	캐	나	다	인	도	미	일
이	란	육	각	형	영	국	의
라	네	잉	글	랜	드	페	자
크	팔	곱	셈	구	구	루	리
그	통	싱	가	포	르	분	스
래	가	단	위	케	냐	우	페
프	랑	스	웨	덴	마	크	인
방	센	티	미	터	칠	레	원

더 재미있게 찾아요
수학 어휘를 모두 찾았나요?
그러면 글자판에서 어린이가 아는 다른 낱말을 더 찾아 보세요!
누가 더 많이 찾나 함께 게임을 해도 좋아요.

29

십	서	울	부	산	미	터	구
의	제	진	합	계	대	전	도
자	주	경	주	나	오	각	형
리	여	수	광	주	하	동	춘
수	곱	셈	식	창	원	울	천
원	안	양	김	해	요	산	청
인	천	포	항	양	일	평	택
강	릉	표	경	산	천	자	료

더 재미있게 찾아요
수학 어휘를 모두 찾았나요?
그러면 글자판에서 어린이가 아는 다른 낱말을 더 찾아 보세요!
누가 더 많이 찾나 함께 게임을 해도 좋아요.

31

33쪽

수학 어휘와 친해지자 1

더 재미있게 찾아요
수학 어휘를 모두 찾았나요?
그러면 글자판에서 여러분이 아는 다른 낱말을 더 찾아 보세요!
누가 더 많이 찾나 함께 게임을 해도 좋아요.

33

35쪽

수학 어휘와 친해지자 1

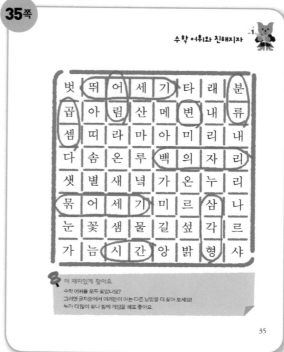

더 재미있게 찾아요
수학 어휘를 모두 찾았나요?
그러면 글자판에서 여러분이 아는 다른 낱말을 더 찾아 보세요!
누가 더 많이 찾나 함께 게임을 해도 좋아요.

35

38쪽

수학 어휘를 만들어 보자
① 뒤죽박죽 글자로 수학 어휘 만들기

도전문제

✏️ 어휘를 바르게 고쳐 □ 안에 써 보세요.

• 467은 자세리수 입니다 | 네 | 자 | 리 | 수 |

| 5 | 10 | 15 | 20 |

• 5씩 어뛰기세 를 했습니다 | 뛰 | 어 | 세 | 기 |

• 541에서 4는 자리십의 숫자입니다 | 십 | 의 | 자 | 리 |

5×4

• 이 식은 셈식곱 입니다 | 곱 | 셈 | 식 |

38

39쪽

수학 어휘를 만들어 보자
① 뒤죽박죽 글자로 수학 어휘 만들기

도전문제

✏️ 어휘를 바르게 고쳐 □ 안에 써 보세요.

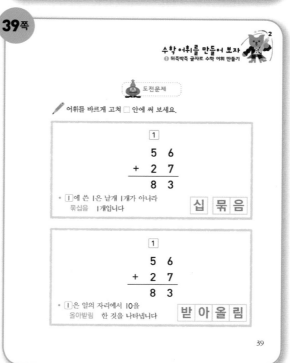

| 1 |
| 5 6 |
| + 2 7 |
| 8 3 |

• 1에 쓴 1은 낱개 1개가 아니라 묶십을 1개입니다 | 십 | 묶 | 음 |

| 1 |
| 5 6 |
| + 2 7 |
| 8 3 |

• 1은 일의 자리에서 10을 올아받림 한 것을 나타냅니다 | 받 | 아 | 올 | 림 |

39

123

수학 어휘를 만들어 보자
① 위죽박죽 글자로 수학 어휘 만들기

도전문제

✏ 어휘를 바르게 고쳐 □ 안에 써 보세요.

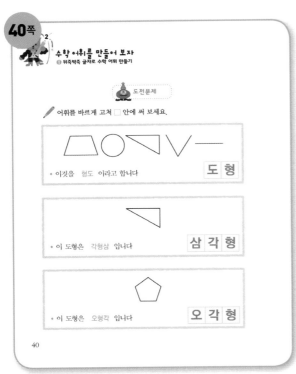

- 이것을 형도 이라고 합니다 → 도 형

- 이 도형은 각형삼 입니다 → 삼 각 형

- 이 도형은 오형각 입니다 → 오 각 형

40

수학 어휘를 만들어 보자
① 위죽박죽 글자로 수학 어휘 만들기

도전문제

✏ 어휘를 바르게 고쳐 □ 안에 써 보세요.

- 이 도형은 은선곧 입니다 → 곧 은 선

- 을 짓점꼭 이라고 합니다 → 꼭 짓 점

- 빨간색 기쌀무나 는 왼쪽 아래에 있습니다 → 쌓 기 나 무

- 삼각형과 형사각 으로 나무 모양을 만들었습니다 → 사 각 형

41

수학 어휘를 만들어 보자
① 위죽박죽 글자로 수학 어휘 만들기

도전문제

✏ 어휘를 바르게 고쳐 □ 안에 써 보세요.

- 루하 는 오전과 오후로 나뉩니다 → 하 루

- 늘바긴 이 가리키는 작은 눈금 한 칸은 1분을 나타냅니다 → 긴 바 늘

- 낮 12시부터 밤 12시까지를 후오 라고 합니다 → 오 후

- 이것은 날짜를 알아보기 위해 사용하는 력달 입니다 → 달 력

42

수학 어휘를 만들어 보자
① 위죽박죽 글자로 수학 어휘 만들기

도전문제

✏ 어휘를 바르게 고쳐 □ 안에 써 보세요.

- 300센티미터는 3 터미 와 같습니다 → 미 터

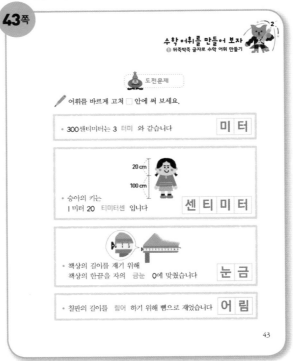

- 승아의 키는 1 미터 20 티미터센 입니다 → 센 티 미 터

- 책상의 길이를 재기 위해 책상의 한끝을 자의 금눈 0에 맞췄습니다 → 눈 금

- 칠판의 길이를 림어 하기 위해 뼘으로 재었습니다 → 어 림

43

44쪽

수학 어휘를 만들어 보자
① 위죽박죽 글자로 수학 어휘 만들기

도전문제

✏️ 어휘를 바르게 고쳐 □ 안에 써 보세요.

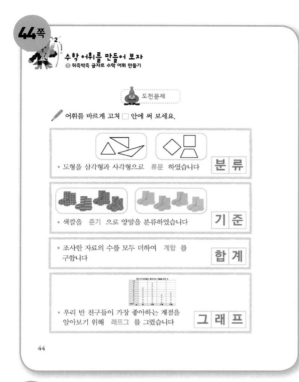

* 도형을 삼각형과 사각형으로 류분 하였습니다 → **분류**

* 색깔을 준기 으로 양말을 분류하였습니다 → **기준**

* 조사한 자료의 수를 모두 더하여 계합 를 구합니다 → **합계**

* 우리 반 친구들이 가장 좋아하는 계절을 알아보기 위해 래프그 를 그렸습니다 → **그래프**

44

45쪽

수학 어휘를 만들어 보자
① 위죽박죽 글자로 수학 어휘 만들기

도전문제

✏️ 어휘를 바르게 고쳐 □ 안에 써 보세요.

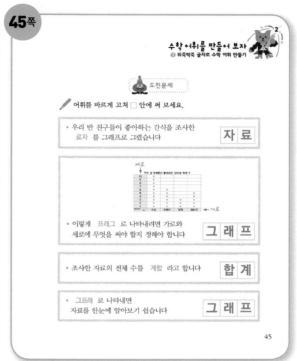

* 우리 반 친구들이 좋아하는 간식을 조사한 료자 를 그래프로 그렸습니다 → **자료**

* 이렇게 프래그 로 나타내려면 가로와 세로에 무엇을 써야 할지 정해야 합니다 → **그래프**

* 조사한 자료의 전체 수를 계합 라고 합니다 → **합계**

* 그프래 로 나타내면 자료를 한눈에 알아보기 쉽습니다 → **그래프**

45

46쪽

수학 어휘를 만들어 보자
① 위죽박죽 글자로 수학 어휘 만들기

도전문제

✏️ 어휘를 바르게 고쳐 □ 안에 써 보세요.

* 5237에서 5는 5000을 나타내는 자리의천 숫자입니다 → **천의 자리**

* 6단 구골구셈 에서는 곱하는 수가 1씩 커지면 곱은 6씩 커집니다 → **곱셈 구구**

* 이것은 교칠판 입니다 → **칠교판**

* 시계에서 긴바늘이 가리키는 작은 금눈 한 칸은 1분을 나타냅니다 → **눈금**

* 시계의 늘바긴 이 한 바퀴 도는 데 60분이 걸립니다 → **긴바늘**

46

47쪽

수학 어휘를 만들어 보자
① 위죽박죽 글자로 수학 어휘 만들기

도전문제

✏️ 어휘를 바르게 고쳐 □ 안에 써 보세요.

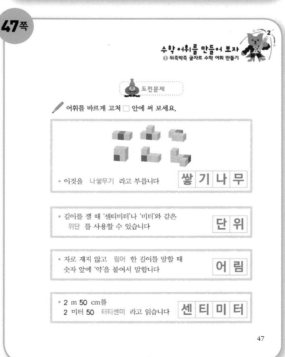

* 이것을 나쌓무기 라고 부릅니다 → **쌓기나무**

* 길이를 잴 때 '센티미터'나 '미터'와 같은 위단 를 사용할 수 있습니다 → **단위**

* 자로 재지 않고 림어 한 길이를 말할 때 숫자 앞에 '약'을 붙여서 말합니다 → **어림**

* 2 m 50 cm를 2 미터 50 터티센미 라고 읽습니다 → **센티미터**

47

125

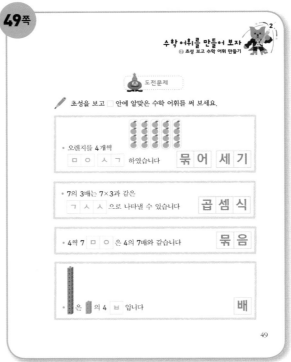
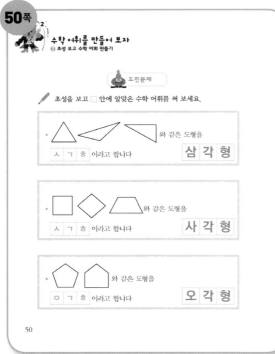
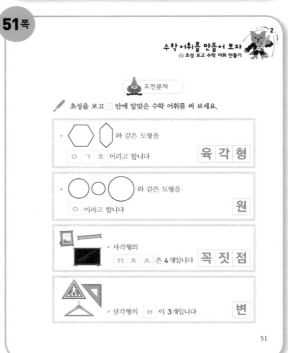

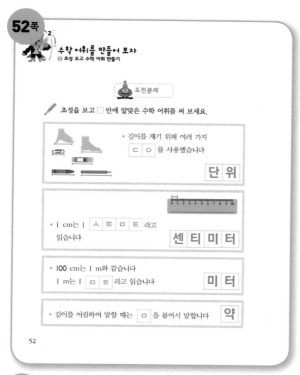

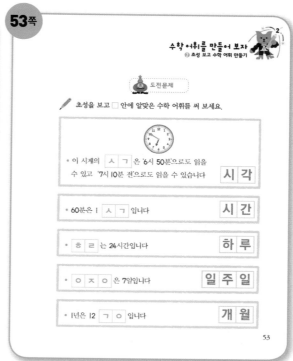

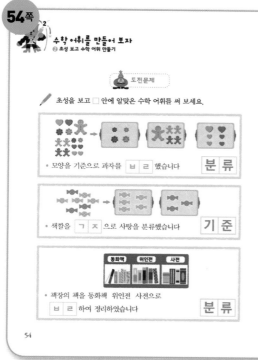

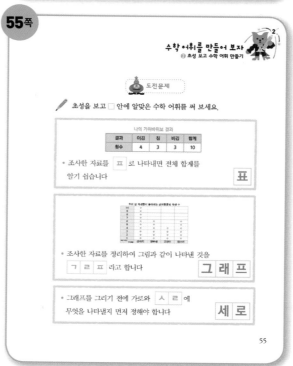

56쪽

수학 어휘를 만들어 보자
② 초성 보고 수학 어휘 만들기

도전문제

초성을 보고 □ 안에 알맞은 수학 어휘를 써 보세요.

• 사과의 개수는
4의 3 ㅂ 와 같습니다 → **배**

• 3+3+3+3은 덧셈식이고
3×4는 ㄱㅅㅅ 입니다 → **곱셈식**

• 6789에서 6은 ㅊㅇㅈㄹ 숫자이고
6000을 나타냅니다 → **천의 자리**

• ㄱㅅㄱㄱ 를 외워 두면
곱셈을 할 때 편리합니다 → **곱셈구구**

56

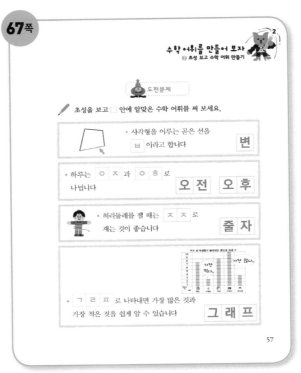

67쪽

수학 어휘를 만들어 보자
② 초성 보고 수학 어휘 만들기

도전문제

초성을 보고 □ 안에 알맞은 수학 어휘를 써 보세요.

• 사각형을 이루는 곧은 선을
ㅂ 이라고 합니다 → **변**

• 하루는 ㅇㅈ과 ㅇㅎ로
나뉩니다 → **오전 오후**

• 허리둘레를 잴 때는 ㅈㅈ로
재는 것이 좋습니다 → **줄자**

• ㄱㄹㅍ로 나타내면 가장 많은 것과
가장 적은 것을 쉽게 알 수 있습니다 → **그래프**

57

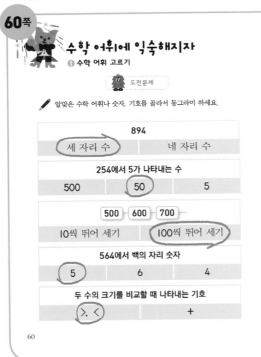

60쪽

수학 어휘에 익숙해지자
① 수학 어휘 고르기

도전문제

알맞은 수학 어휘나 숫자, 기호를 골라서 동그라미 하세요.

894	
(세 자리 수)	네 자리 수

254에서 5가 나타내는 수		
500	(50)	5

500 – 600 – 700	
10씩 뛰어 세기	(100씩 뛰어 세기)

564에서 백의 자리 숫자		
(5)	6	4

두 수의 크기를 비교할 때 나타내는 기호	
(>, <)	+

60

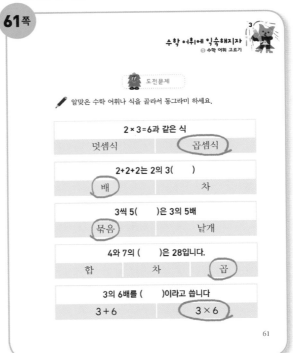

61쪽

수학 어휘에 익숙해지자
① 수학 어휘 고르기

도전문제

알맞은 수학 어휘나 식을 골라서 동그라미 하세요.

2 × 3 = 6과 같은 식	
덧셈식	(곱셈식)

2+2+2는 2의 3( )	
(배)	차

3씩 5( )은 3의 5배	
(묶음)	낱개

4와 7의 ( )은 28입니다.		
합	차	(곱)

3의 6배를 ( )이라고 씁니다	
3 + 6	(3 × 6)

61

128

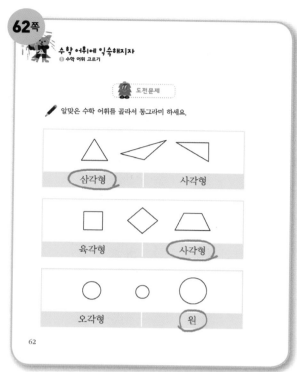

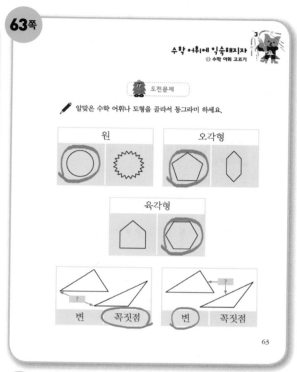

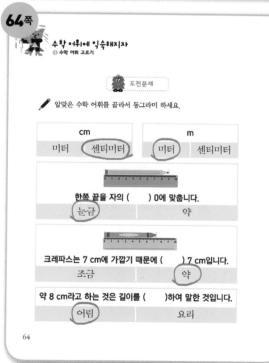

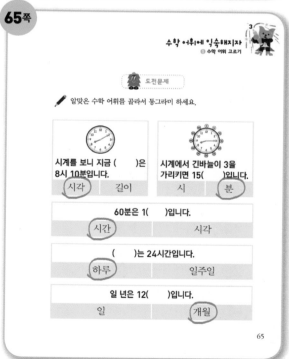

수학 어휘에 익숙해지자
❶ 수학 어휘 고르기

도전문제

✏ 알맞은 수학 어휘를 골라서 동그라미 하세요.

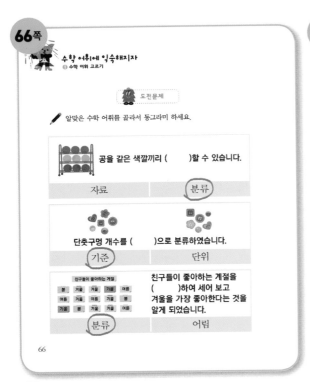

공을 같은 색깔끼리 (　　)할 수 있습니다.	
자료	**분류**

단춧구멍 개수를 (　　)으로 분류하였습니다.	
기준	단위

친구들이 좋아하는 계절을 (　　)하여 세어 보고 겨울을 가장 좋아한다는 것을 알게 되었습니다.	
분류	어림

66

수학 어휘에 익숙해지자
❶ 수학 어휘 고르기

도전문제

✏ 알맞은 수학 어휘를 골라서 동그라미 하세요.

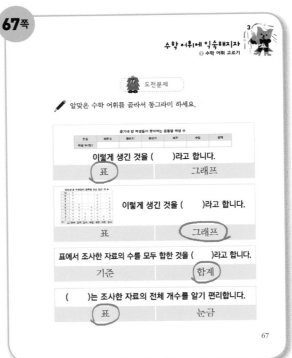

이렇게 생긴 것을 (　　)라고 합니다.	
표	그래프

이렇게 생긴 것을 (　　)라고 합니다.	
표	**그래프**

표에서 조사한 자료의 수를 모두 합한 것을 (　　)라고 합니다.	
기준	**합계**

(　　)는 조사한 자료의 전체 개수를 알기 편리합니다.	
표	눈금

67

수학 어휘에 익숙해지자
❶ 수학 어휘 고르기

도전문제

✏ 알맞은 수학 어휘나 숫자를 골라서 동그라미 하세요.

삼각형에서 곧은 선은 (　　)이라고 합니다.	
꼭짓점	**변**

사각형에서 곧은 선과 곧은 선이 만나는 점을 (　　)이라고 합니다.	
꼭짓점	변

529의 백의 자리 숫자는 (　　)입니다.	
5	2

713에서 3은 (　　) 숫자입니다.	
십의 자리	**일의 자리**

6씩 2묶음은 6의 2(　　)입니다.	
배	자리

68

수학 어휘에 익숙해지자
❶ 수학 어휘 고르기

도전문제

✏ 알맞은 수학 어휘를 골라서 동그라미 하세요.

전날 밤 12시부터 그다음 날 낮 12시까지	
오전	오후

1월부터 12월까지는 1(　　) 입니다.	
일	**년**

2시 55분을 3시 5분 (　　)이라고도 합니다.	
전	후

집에서 출발한 시각과 학교에 도착한 시각을 알면 학교 가는 데 걸린 (　　)을 알 수 있습니다.	
날짜	**시간**

조사한 자료를 (　　)와 그래프를 이용해 정리하면 편리합니다.	
표	달력

69

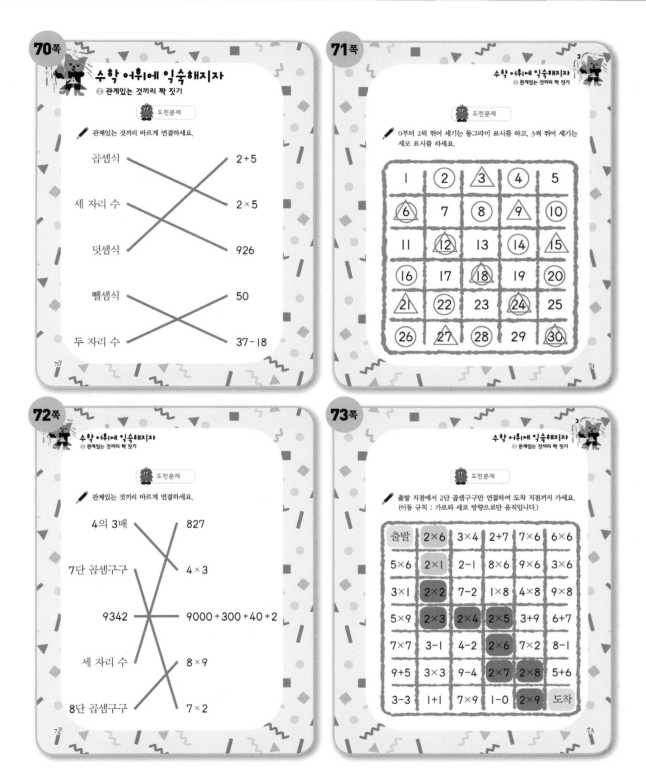

수학 어휘에 익숙해지자
② 관계있는 것끼리 짝 짓기

도전문제

관계있는 것끼리 바르게 연결하세요.

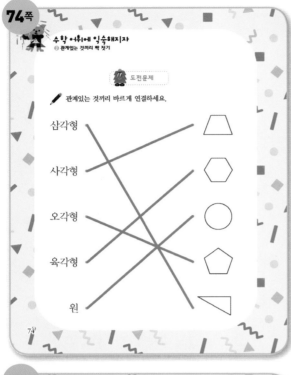

삼각형

사각형

오각형

육각형

원

수학 어휘에 익숙해지자
② 관계있는 것끼리 짝 짓기

도전문제

다음 모양 속에 똑같은 삼각형 모양이 들어가도록 나누어 보세요.

수학 어휘에 익숙해지자
② 관계있는 것끼리 짝 짓기

도전문제

관계있는 것끼리 바르게 연결하세요.

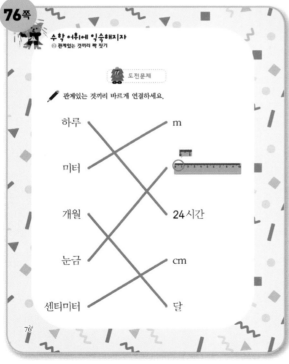

하루

미터

개월

눈금

센티미터

m

24시간

cm

달

수학 어휘에 익숙해지자
② 관계있는 것끼리 짝 짓기

도전문제

같은 시각을 같은 모양으로 표시하세요.

☆ 7시 15분 △ 10시 50분 ○ 9시 30분 ♡ 3시

78쪽

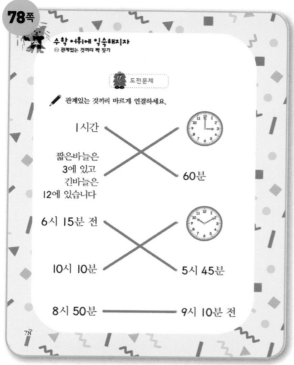

79쪽

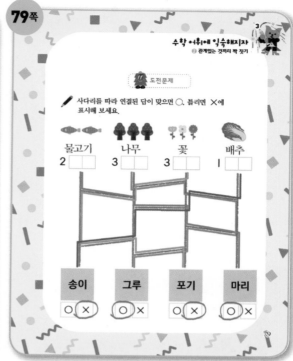

80쪽

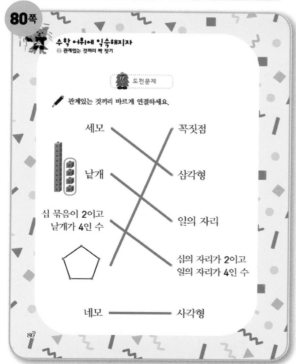

81쪽

3 수학 어휘에 익숙해지자
① 빈칸에 수학 어휘 쓰기

도전문제

✏️ ☐ 안에 알맞은 수학 어휘를 써 보세요.

6020 — 6030 — 6040 — 6050 — 6060

· 10씩 **뛰 어 세 기** 를 한 것입니다

8234

· **천 의 자 리** 숫자는 8입니다

673

· **십 의 자 리** 숫자는 7이고 70을 나타냅니다

92

도전문제

✏️ ☐ 안에 알맞은 수학 어휘를 써 보세요.

· 6은 2의 3 **배** 입니다

· 7과 3의 **곱** 은 21입니다

✕

· 두 수의 곱을 나타낼 때 쓰는 기호입니다
곱 하 기 라고 읽습니다

93

도전문제

✏️ ☐ 안에 알맞은 수학 어휘를 써 보세요.

곧은 선, 삼각형, 사각형,
오각형, 육각형, 원

· 이와 같은 모양을 **도 형** 이라고 합니다

· 삼각형은 변과 **꼭 짓 점** 이 각각 3개입니다

· 사각형은 4개의 곧은 선으로 이루어졌습니다
이러한 곧은 선을 **변** 이라고 합니다

94

도전문제

✏️ ☐ 안에 알맞은 수학 어휘를 써 보세요.

· 삼각형 사각형 원 중에서 **원** 은 곧은 선이 없습니다

· **오 각 형** 은 변과 꼭짓점이 각각 5개입니다

· 나는 꼭짓점이 6개입니다 나는 변이 6개입니다
나는 **육 각 형** 입니다

95

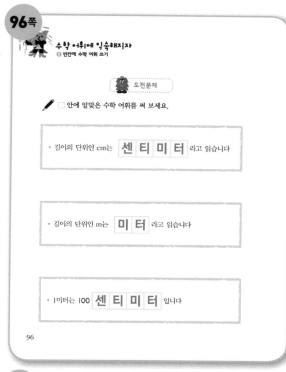

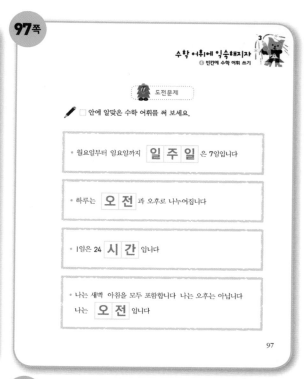

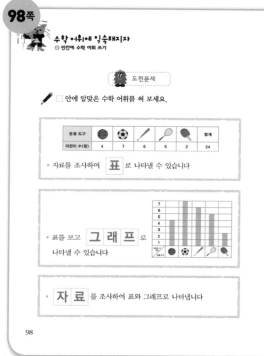

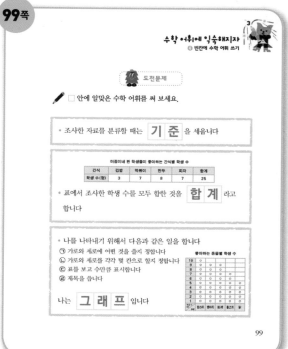

수학 어휘에 익숙해지자
① 빈칸에 수학 어휘 쓰기

도전문제

✏️ ☐ 안에 알맞은 수학 어휘를 써 보세요.

- 4씩 뛰어 세기를 하면
4단 **곱 셈 구 구** 를 알 수 있습니다

- 곱셈식 8×9는
'팔 **곱 하 기** 구'라고 읽습니다

- 삼각형 사각형 오각형 육각형에서 곧은 선을
변 이라고 합니다

100

수학 어휘에 익숙해지자
① 빈칸에 수학 어휘 쓰기

도전문제

✏️ ☐ 안에 알맞은 수학 어휘를 써 보세요.

- 내 책상은 **약** Ⅰ m로 어림할 수 있습니다

- 월요일 화요일 수요일 목요일 금요일 토요일 일요일은
모두 7일입니다 이것을 **일 주 일** 이라고 합니다

- 나는 오전과 오후로 나눌 수 있습니다 나는 24시간입니다
나는 **하 루** 입니다

101

수학 어휘에 익숙해지자
① 빈칸에 수학 어휘 쓰기

도전문제

✏️ ☐ 안에 알맞은 수학 어휘를 써 보세요.

- 48은 십의 **자 리** 가 4이고 일의 자리가 8인 수입니다

- 일주일은 월요일 **화** 요일 **수** 요일 목요일 금요일
토 요일 **일** 요일로 되어 있습니다

- '길다' '짧다'는 **길 이** 를 비교하는 말입니다
'센티미터'와 '미터'는 **길 이** 를 재는 단위입니다
100 **센 티 미 터** 는 Ⅰ 미터와 같습니다

102

수학 어휘에 익숙해지자
① 빈칸에 수학 어휘 쓰기

도전문제

✏️ ☐ 안에 알맞은 수학 어휘를 써 보세요.

- 세모는 **삼 각 형** 이고 네모는 사각형이라고 합니다

- 동그라미를 **원** 이라고 합니다

- 나는 10 묶음이 10개인 수입니다
나는 백의 자리 숫자가 Ⅰ입니다
나는 **백** 입니다

103

107쪽

가로세로 퍼즐로 수학 어휘를 꽉 잡자

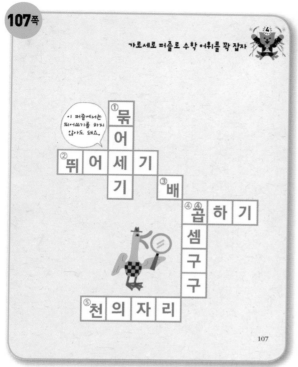

이 퍼즐에서는 띄어쓰기를 하지 않아도 돼요.

① 묶어
② 뛰어세기
기 ③ 배
④ 곱하기
셈구구
⑤ 천의자리

107

109쪽

가로세로 퍼즐로 수학 어휘를 꽉 잡자

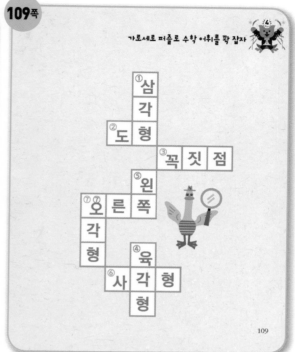

① 삼각형
② 도형
③ 꼭짓점
⑤ 원
⑦ 오른쪽
각형 ④ 육
⑥ 사각형

109

111쪽

가로세로 퍼즐로 수학 어휘를 꽉 잡자

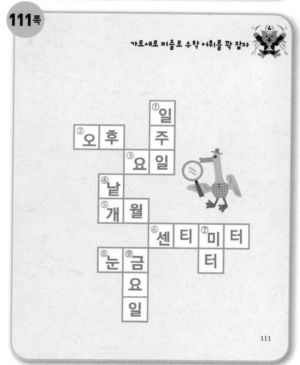

① 일주
② 오후
③ 요일
④ 낱
⑤ 개월
⑥ 센티⑦미터
⑧ 눈⑨금
요일

111

113쪽

가로세로 퍼즐로 수학 어휘를 꽉 잡자

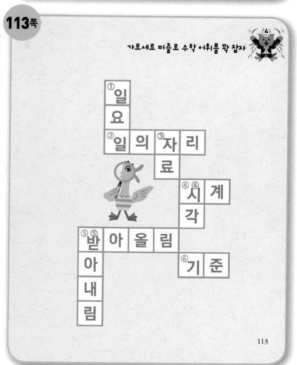

① 일요
② 일의③자리
료
④ 시계각
⑤ 받아올림
아 ⑥ 기준
내림

113

가로세로 퍼즐로 수학 어휘를 꽉 잡자

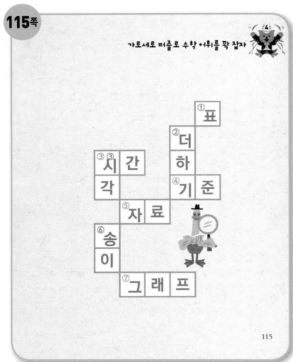

① 표
② 더
③ 시 간
하
각
④ 기 준
⑤ 자 료
⑥ 송
이
⑦ 그 래 프

115

가로세로 퍼즐로 수학 어휘를 꽉 잡자

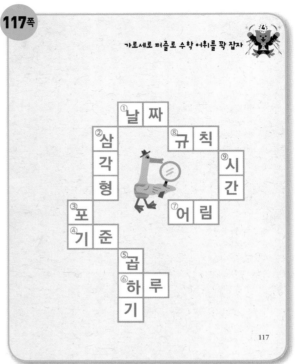

① 날 짜
⑧ 규 칙
② 삼 ⑨ 시
각 간
형 ⑦ 어 림
③ 포
④ 기 준
⑤ 곱
⑥ 하 루
기

117

종합문제

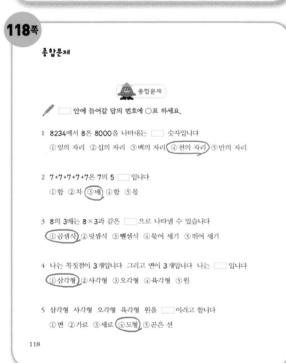

종합문제

✏️ ☐ 안에 들어갈 답의 번호에 ○표 하세요.

1 8234에서 8은 8000을 나타내는 ☐ 숫자입니다
　①일의 자리　②십의 자리　③백의 자리　④천의 자리　⑤만의 자리

2 7+7+7+7은 7의 5 ☐ 입니다
　①합　②차　③배　④합　⑤묶

3 8의 3배는 8×3과 같은 ☐ 으로 나타낼 수 있습니다
　①곱셈식　②덧셈식　③뺄셈식　④묶어 세기　⑤뛰어 세기

4 나는 꼭짓점이 3개입니다 그리고 변이 3개입니다 나는 ☐ 입니다
　①삼각형　②사각형　③오각형　④육각형　⑤원

5 삼각형 사각형 오각형 육각형 원을 ☐ 이라고 합니다
　①변　②가로　③세로　④도형　⑤곧은 선

118

종합문제

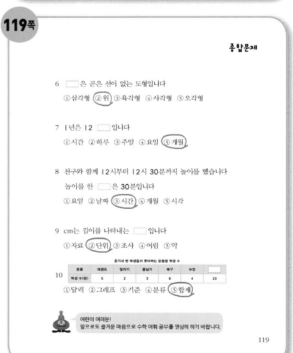

6 ☐ 은 곧은 선이 없는 도형입니다
　①삼각형　②원　③육각형　④사각형　⑤오각형

7 1년은 12 ☐ 입니다
　①시간　②하루　③주일　④요일　⑤개월

8 친구와 함께 12시부터 12시 30분까지 놀이를 했습니다
　놀이를 한 ☐ 은 30분입니다
　①요일　②날짜　③시간　④개월　⑤시각

9 cm는 길이를 나타내는 ☐ 입니다
　①자료　②단위　③조사　④어림　⑤약

10

운동	태권도	달리기	줄넘기	축구	수영	
학생 수(명)	5	2	3	6	4	20

　①달력　②그래프　③기준　④분류　⑤합계

어린이 여러분!
앞으로도 즐거운 마음으로 수학 어휘 공부를 열심히 하기 바랍니다

119

2학년
수학
어휘
해설

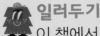 **일러두기**
이 책에서 다룬 수학 어휘의 정의와 학부모와 교사를 위한 도움말이 함께 들어 있습니다.

개월

달을 세는 단위

1년을 12로 나눈 것 중의 하나로, 한자 '월(月)'에 해당하는 우리말

3달을 3개월이라고도 합니다. 그러나 3월은 1년의 12개월 중 앞에서 세 번째의 달을 뜻합니다.

곧은 선

굽은 곳이 한 군데도 없는, 삐뚤어지지 않고 똑바른 선

곧은 선은 도형의 변을 도입하기 위해 임시로 사용하는 비형식적 용어입니다. 3학년이 되면 직선, 반직선, 선분 등과 같은 수학 어휘를 사용하게 됩니다.

곱

곱셈의 결과

예 $2 \times 3 = 6$ (6은 2와 3의 곱)

곱셈구구

한 자리 수끼리의 간단한 곱셈 결과로 구구단이라고도 합니다.

곱셈

두 개 혹은 그 이상의 수나 식을 곱하는 계산

곱하기

곱셈에서 사용하는 기호로, '×'의 이름

(예) 4×7은 '사 곱하기 칠'이라고 읽습니다.

그래프

막대그래프, 꺾은선 그래프, 원그래프, 줄기-잎 그림 등 수학적 정보, 아이디어, 관계 등을 나타낸 그림

초등학교 2학년 수준에서는 표를 시각화하기 위한 용도로 간단한 그림그래프만 도입됩니다.

기준

분류할 때 기본이 되는 표준

(예) 신발을 분류할 때 색, 모양, 크기 등을 기준으로 분류합니다.

꼭짓점

도형에서 변과 변이 만나는 점

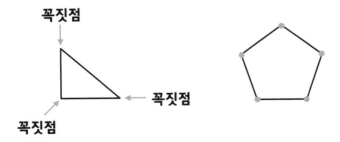

날짜

어느 해의 어느 달 며칠

예 2023년 5월 5일

년

해를 세는 단위로 1년은 12개월

눈금

자나 저울 등에서 수나 양을 헤아릴 수 있게 일정한 간격으로 새겨 놓은 금

예

단위

길이, 무게, 부피, 시간 등을 잴 때의 기준

2학년에서는 길이 단위인 미터(m)와 센티미터(cm), 시간의 단위인 시, 분, 날짜의 단위인 년, 월, 일, 요일 등을 배웁니다.

달

한 해를 열둘로 나눈 것 중 한 기간을 세는 단위

(예) 앞으로 두 달이 지나면 새해가 됩니다.

도형

삼각형, 사각형, 오각형, 육각형, 원, 직선과 같이 점과 선으로 이루어진 모양

2학년부터는 '모양' 대신 '도형'이란 어휘를 사용합니다.

뛰어 세기

수를 일정한 차를 두고 세는 방법

(예) 3, 6, 9……는 3씩 뛰어 세기

묶어 세기

어떤 수나 양을 헤아릴 때, 일정한 개수의 묶음을 만들어 세는 방법

(예)  4개씩 묶어 세기를 하면 모두 20개입니다.

뛰어 세기와 묶어 세기는 곱셈의 기초입니다.

미터(m)

100 cm에 해당하는 길이의 측정 단위

1 m = 100 cm

배

일정한 수나 양이 그 수만큼 거듭됨을 이르는 말

예 6은 2의 3배입니다.

변

도형을 이루는 곧은 선 부분

분

1시간을 60으로 나눈 하나를 나타내는 시간의 단위

시계의 작은 눈금 한 칸이 1분을 나타냅니다.

예 1시간 = 60분

사각형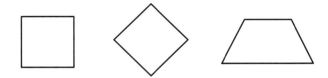

그림과 같은 도형으로 꼭짓점과 변이 4개씩입니다.

삼각형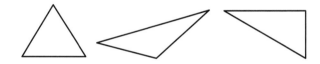

그림과 같은 도형으로 꼭짓점과 변이 3개씩입니다.

센티미터(cm)

1 m를 100으로 나눈 것 중 하나에 해당하는 길이 단위

$$1 \ cm = \frac{1}{100} \ m$$

수의 자리

일, 십, 백, 천을 쓰는 자리로, 여러 자리 수인 경우 가장 오른쪽이 일의 자리
가 되며, 왼쪽으로 가면서 차례로 십의 자리, 백의 자리, 천의 자리가 됩니다.

예 2   4   5   9
    천   백   십   일
    의   의   의   의
    자   자   자   자
    리   리   리   리

146

시

하루를 24로 나눈 하나를 나타내는 시간의 단위

예 시계의 긴바늘이 12를 가리키고, 짧은바늘이 1을 가리키면 1시입니다.

(1)시　　　　(6)시　　　　(3)시

시간

(1) 어떤 시각에서 어떤 시각까지의 사이

예 집에서 학교까지 가는 데 걸리는 시간

(2) 하루를 24로 나눈 단위

예 60분은 1시간

시각은 어느 한 시점을 말하고, 시간은 시각과 시각 사이의 길이를 말합니다.

약

어떤 수량에 거의 가까운 정도

예 내 한 뼘의 길이는 '약 15센티미터'입니다.

어림

대강 짐작으로 헤아림

147

오각형

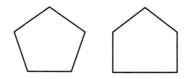

그림과 같은 모양의 도형으로 꼭짓점과 변이 각각 5개씩입니다.

오전

전날 밤 12시부터 그다음 날 낮 12시까지 12시간

오후

낮 12시부터 밤 12시까지 12시간

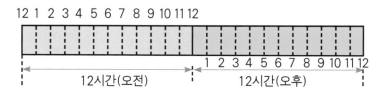

요일

일주일의 각 날을 이르는 말

예 일주일은 월요일부터 화요일, 수요일, 목요일, 금요일, 토요일, 일요일까지 모두 7일입니다.

원

그림과 같은 모양의 도형으로 크기는 모두 달라도 모양은 똑같습니다.

육각형

그림과 같은 모형의 도형으로 꼭짓점과 변이 각각 6개입니다.

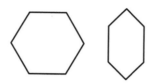

자료

세거나 측정하거나 질문하거나 관찰하기를 통해 얻을 수 있는 정보

표

자료를 어떤 기준에 따라 행과 열로 정리해 놓은 것

나의 놀이 결과

종류	빨강	파랑	노랑	합계
카드별 점수	3	7	8	
카드별 수(장)				
점수 (카드별 점수) ×(카드 수)				

나의 가위바위보 결과

결과	이김	짐	비김	합계
횟수				

149

하루

한 낮과 한 밤이 지나는 동안

(예) 하루는 오전 12시간, 오후 12시간으로 모두 24시간입니다.

합계

합하여 계산한 수

민호네 반 학생들이 좋아하는 계절별 학생 수

계절	봄	여름	가을	겨울	합계
학생 수(명)	4	8	5	7	24